地震来了

江 楚 编著

地震出版社

图书在版编目(CIP)数据
地震来了/江楚编著．—北京：地震出版社，2009.5（2014.4 重印）
ISBN 978－7－5028－3549－1
Ⅰ．地…　Ⅱ．江…　Ⅲ．地震—普及读物　Ⅳ．P315.4－49
中国版本图书馆 CIP 数据核字（2009）第 058585 号

地震版　XM3106

地震来了
江　楚　编著
责任编辑：刘　江
责任校对：李　珺

出版发行：地　震　出　版　社
北京民族学院南路 9 号　　邮编：100081
发行部：68423031　68467993　　传真：88421706
门市部：68467991　　传真：68467991
总编室：68462709　68423029　　传真：68455221
http：//www.dzpress.com.cn
E－mail：seis@ht.rol.cn.net
经销：全国各地新华书店
印刷：北京鑫丰华彩印有限公司

版（印）次：2009 年 5 月第一版　2014 年 4 月第四次印刷
开本：787×1092　1/16
字数：128 千字
印张：11
书号：ISBN 978－7－5028－3549－1/P（4157）
定价：18.00 元

主要人物简介

地霸：又叫地震怪物，有的地方把它当成鲇鱼。凶残成性，在世界各地频繁作案，所犯罪行罄竹难书

老教授:知识渊博，和蔼可亲

雯雯：温柔的时候很可爱，生气了则会暴跳如雷

川川：脾气温和，时常会做出一些令人啼笑皆非的事情来。与雯雯是好朋友

点点：川川的宠物伙伴。无忧无虑的乐天派，最爱的美食是西瓜，并且常常会将球状的东西想象成西瓜

小白：雯雯的宠物伙伴。看见比它小的东西都喜欢玩弄，有时候又有点伤感，容易晕车

花花：自从知道鸡蛋和地球都可分为三层后就一直幻想鸡某天可能会统治整个地球

目录

第十讲　地震救援/109

第十一讲　地震现场救护/121

第十二讲　地震之后……/151

地震到底是怎么回事？

是传说中的有条大鲇鱼在地下动么？

还是自古以来人们所认为的上天对人们所犯错误的惩罚？

或者是再自然不过的一种纯天然的现象？

第一讲

地震诞生记

我们既熟悉又陌生的地球

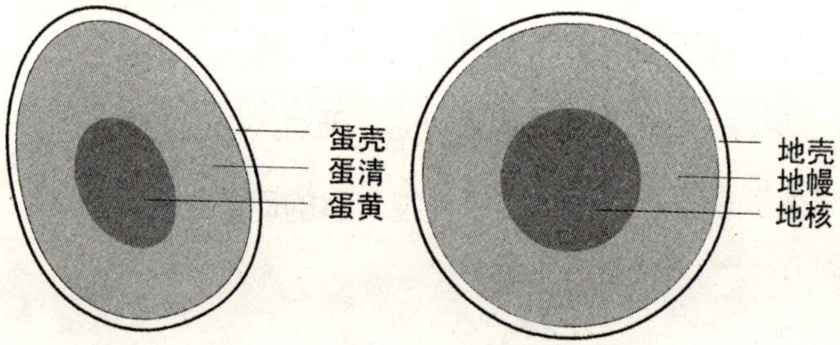

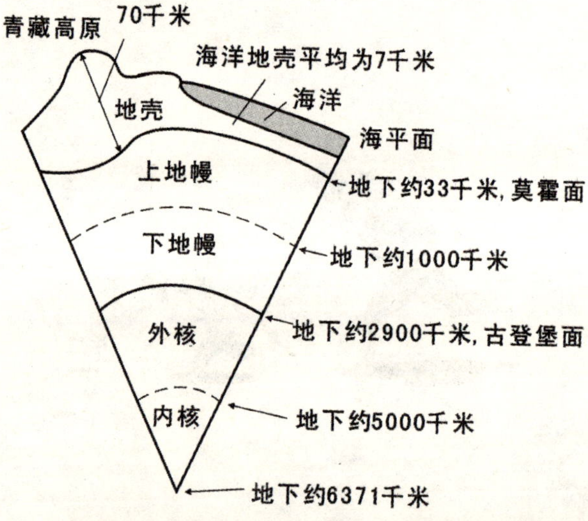

我们世世代代赖以生存的地球，是茫茫宇宙中一颗年轻的星球，但它也存在了约 46 亿年。地球是近似实心的椭球体，平均半径为 6371 千米，由外向里可分为地壳、地幔、地核三层。就像一个鸡蛋，地核好比蛋黄，地幔好比蛋白，地壳好比蛋壳。

地壳很坚硬，由岩石组成，但它并不像蛋壳那样均匀，而是差别比较大，厚 5 ~ 70 千米不等，陆地部分平均厚 33 千米，青藏高原地壳厚达 70 千米，而海洋部分地壳厚度平均只有 7 千米。

地幔分上、下地幔和它们之间的过渡层，总厚度约 2900 千米，约占地球总体积的 85%。上地幔的上部也是岩石层，它和地壳合称“岩石圈”，但地壳和地幔的岩石层之间有一层莫霍面隔着。上地幔的下面是厚约几百千米的软流层，岩石圈就漂浮在这个软流层上。

地核半径约 3471 千米，由内核、外核和它们之间的过渡层组成。外核可能是液态物质，内核则是固态物质，是一个温度很高、密度很大、由铁镍构成的金属核。

喜马拉雅山诞生记

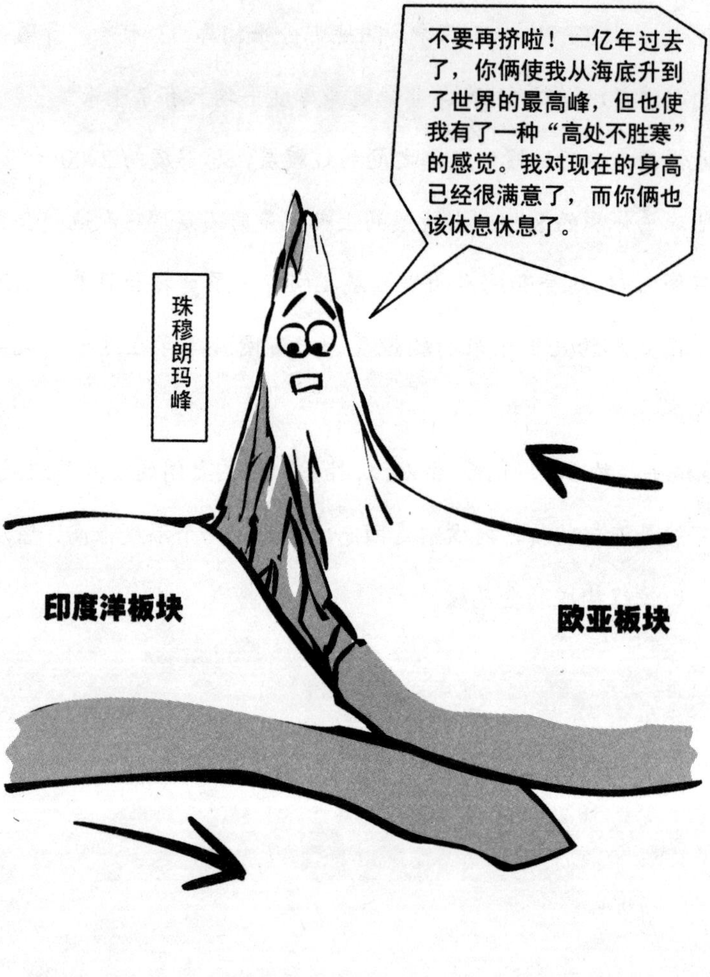

不要再挤啦！一亿年过去了，你俩使我从海底升到了世界的最高峰，但也使我有了一种“高处不胜寒”的感觉。我对现在的身高已经很满意了，而你俩也该休息休息了。
珠穆朗玛峰
印度洋板块
欧亚板块

根据全球板块构造学说，岩石圈被分割为彼此相对运动的板块。有的板块大，有的板块小。大的板块有六个，它们是：太平洋板块、欧亚板块、非洲板块、美洲板块、印度洋板块和南极洲板块。它们漂浮在上地幔下的软流层上，有的相互之间靠近，有的则是远离。

相互靠近的板块碰撞后，其中一个的边缘会插入另一个的下面，而另一个则会被抬起。

喜马拉雅山位于欧亚板块和印度洋板块之间，它在1亿年前还是一片汪洋大海，后来在欧亚板块和印度洋板块的相互挤压作用下逐渐隆起，最终成为世界的屋脊。时至今日，这种挤压、抬升还在继续，喜马拉雅山这个“巨人”将越长越高。

地壳的“年轮”

你们看，这一层比较厚，说明那段时期的沉积作用大于侵蚀作用。
去年的大树变成了现在的树桩
我还是原来的我，可你已经不再是原来的你了啊！
去年

我们在经过盘山公路或是处在陡峭的悬崖下面的时候，经常可以看到山体暴露的开挖面呈现出波浪状的岩石层，这种层状的岩石在地质学上被称为“地层”，它们是地球上的物质在海洋中慢慢沉积的结果。

经过数亿年的时间，它们在地球内力的挤压作用下逐渐隆出地表，沧海变成桑田；有的桑田则会变成高山，有的则又重回大海的怀抱。

这些地层犹如树的年轮一样，反映了地球在各个历史时期的环境状况。同一棵树上的年轮厚薄反映了各年的自然环境好坏；而地层的厚薄之分则反映了各个时期的沉积作用和风、水侵蚀作用的力量对比。当某个地方因为地壳的运动而下降的时候，相对较低的地势使它更容易接受水流和风搬运来的物质进行沉积，使地层增厚；而当地壳的运动使这个地区上升时，它又会受到水和风的侵蚀作用而变薄。这种沉积与侵蚀的较量最终决定了不同地质时期地层的厚薄不一。

地层应该是水平的，但由于地球内力的作用，地层受到挤压，变得形状怪异，有时老的地层甚至跑到新的地层上面。

地震诞生记

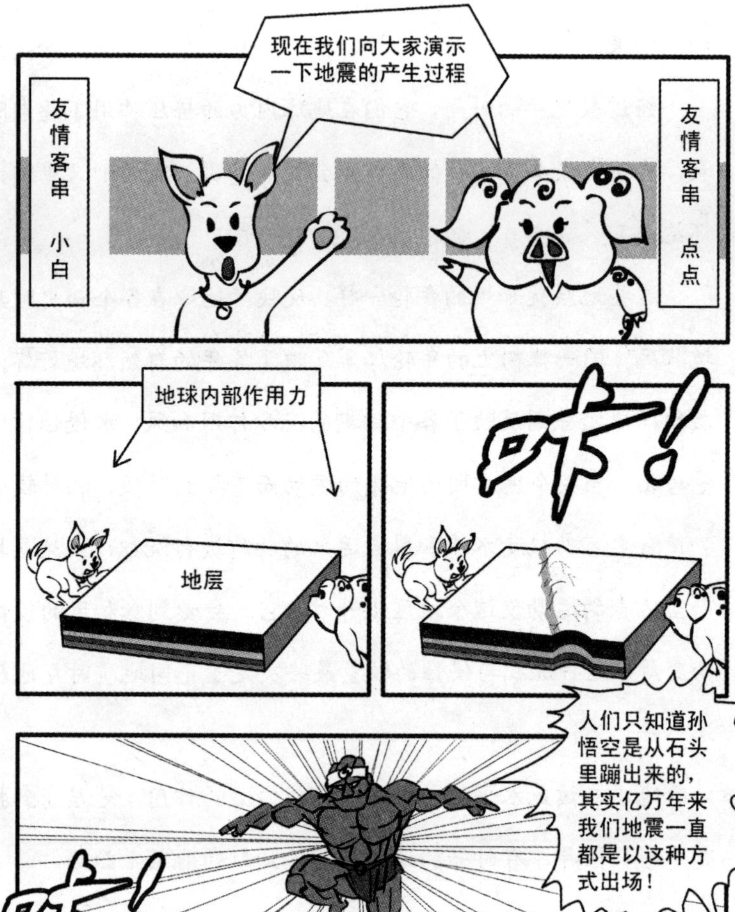

友情客串 小白
现在我们向大家演示一下地震的产生过程
友情客串 点点
地球内部作用力
地层
咔！
人们只知道孙悟空是从石头里蹦出来的，其实亿万年来我们地震一直都是以这种方式出场！
咔！

岩层因受到力的作用而逐渐变形，开始这个变形很缓慢，岩层发生褶皱弯曲；当受到的内力越来越大以至无法承受时，岩层就会发生突然的、快速的破裂和错位，产生断层，地震也就诞生了。地震诞生后马上就以地震波的形式将能量向四周传播开去。如果地震的能量够大，传到地表后引起地面振动，人就会感觉到发生了地震。

地壳中的断层密如织网，从较小的破裂一直到上千千米的断裂带，有各种不同的宽度和深度。断裂带是多条断层的聚合带。现今与地震有联系的断层是活动断层，过去虽活动但如今稳定的断层叫“休眠断层”，或称为“死断层”。也就是说，有地震就一定会产生断层，而有断层则不一定会产生地震。

活断层继续受到挤压作用，断层面上积累新的应力，当应力积累到超过断层面的摩擦力后，沿断层面会发生新的断裂，同时引发地震。

地震的能量波——地震波

你们在这里可以身临其境地体验到地震时的真实感觉。
地震模拟车
啊！
汪！
哇！
先颠后摇，好刺激啊！
你这身体素质也太差了吧！
呕！

地震诞生后就一分为二，一个是纵波，另一个是横波。纵波和横波是孪生兄弟，有一个共同的名字——体波。顾名思义，就是在地球体内传播的地震波。它们在密度高的物质里传播速度快，在密度低的物质里传播速度就会慢些。横波与纵波尽管是同根生，但两兄弟天生体质却有差别。

（1）纵波传播速度快，约为 5～7 千米/秒，既可在固体中传播，也可通过液体（如海洋）传播，纵波到达地面后会引起地面上下颠簸。

（2）横波传播速度约为 3～5 千米/秒，只能在固体中传播，横波到达地面后引起地面水平晃动，是造成地面建筑物破坏的主要原因。

横波

纵波

由于纵波在地球内部传播速度大于横波，因此对于同一地点，纵波总是会比横波早到。所以地震时，人们先感到上下颠簸，然后才感到水平晃动。由这点看来，纵波就像是地震的信使，它赶在横波的前面到达地面，通知人们破坏性更强的横波就要到来。

对于距离震中 60 千米的地方，纵波需要大约 10 秒能到，横波大约需要 15 秒，因此我们有大约 5 秒的时间采取紧急避难措施。

利用地震波给地球作 X 射线扫描

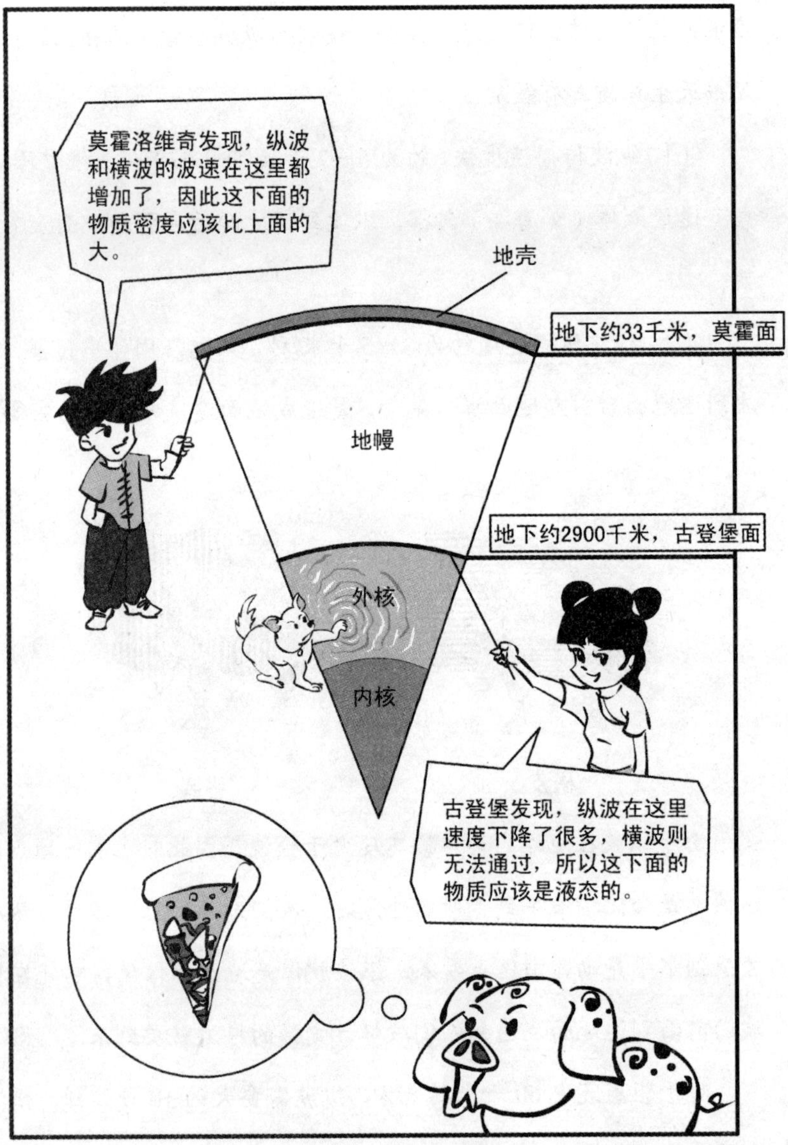

我们所居住的地球是个巨大的球体，除地表极薄的一层以外，人们是不能用肉眼直接观察地球深处的，而目前通过钻探能直接研究的还超不过 12 千米，那么我们上面所说的地球内部的结构是怎样得出来的呢？这就要靠地震波帮忙了。

我们可以通过人工制造地面振动的方式（人工地震）制造出地震波，在已知地震波速度的情况下，利用地震波传输和返回所需要的时间来计算岩石层的厚度。

此外，我们还可以利用地震波来勘探石油和天然气等矿产资源。由于用地震波进行勘探具有其他地球物理勘探方法所无法达到的精度和分辨率，所以在石油和其他矿产资源的勘探中，用地震波进行勘探是最主要和最有效的方法之一。各种矿产资源在构造上都会具有某种特征，如石油、天然气只有在封闭的构造中才能形成和保存。地震波在穿过这些构造时会产生反射和折射，通过分析地表接收到的信号，就可以对地下岩层的结构、深度、形态等做出推断，从而可以为以后的钻探工作提供准确的定位。

此外，利用地震还可以为国防建设服务，比如地下核爆炸和天然地震的记录波形是有一定差异的，因此根据其波形不仅可以将它与天然地震区分开来，而且可以给出其发生时刻、位置、释放的能量大小等。

怎么划分地震的大小、深浅和远近？

哪些地方容易发生地震？

为什么有的地震能造成那么大的破坏，而有的我们人类甚至无法感觉到？

第二讲

地震的个人档案

地震 ABC

我是小灰，刚才发生了地震，我的鱼头汤全洒了，你那里情况怎么样？
我是小花，刚才发生了地震，我的竹荪蘑菇汤全洒了，你那里情况怎么样？
我是爸爸，刚才发生了地震，我的莲藕排骨汤全洒了，你那里情况怎么样？
爸爸，我的骨头汤全洒了，小灰、小花它们的汤也洒了，看来咱们四个所在的地方受到的破坏差不多，可能在同一条等震线上。

震源：地震波发生的地方。

震中：正对着震源的地面上的某一点。

震中位置：用经纬度表示的震中，如汶川大地震的震中位置为东经 103.4°，北纬 31.0°。

震中距：从地面上的一点到震中的直线距离。

震源深度：震中到震源的距离。

等震线：在地图上把地面破坏程度相同的各点连接起来的曲线，也就是说同一条曲线上的各点烈度都相同。

地震的能量级——震级

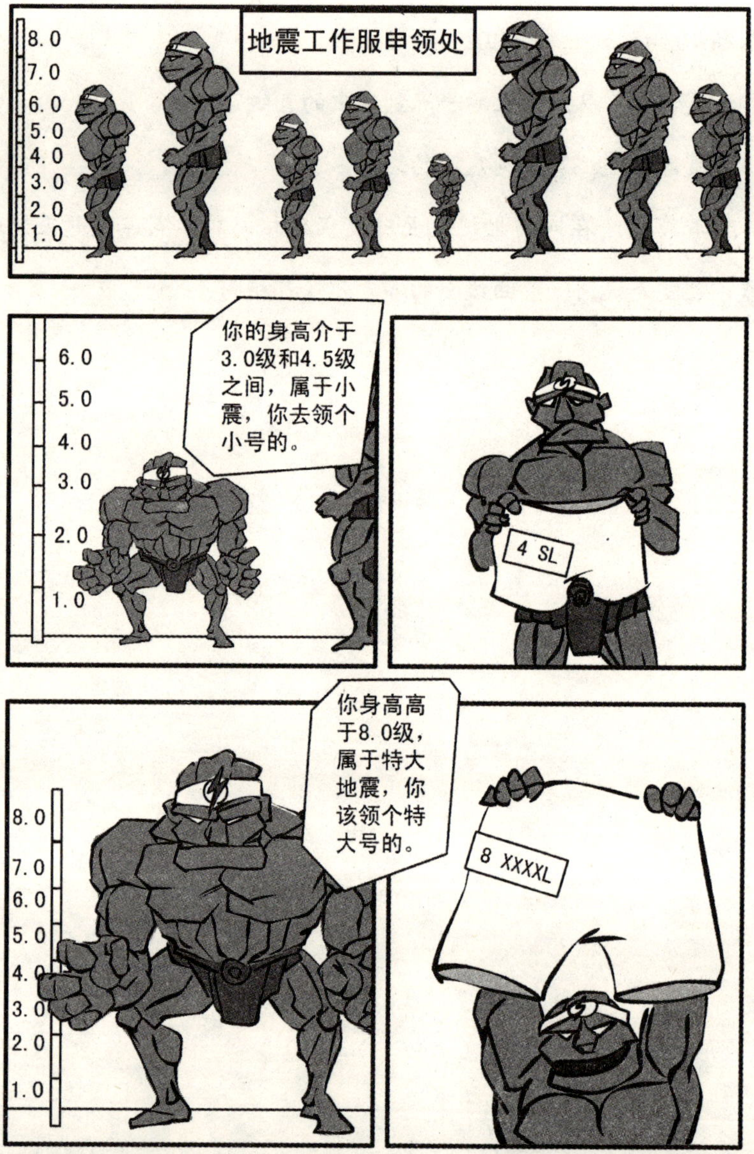

地震工作服申领处
8.0
7.0
6.0
5.0
4.0
3.0
2.0
1.0
你的身高介于3.0级和4.5级之间，属于小震，你去领个小号的。
4 SL
你身高高于8.0级，属于特大地震，你该领个特大号的。
8 XXXXL

地震震级是根据地震时释放能量的多少来划分的。它可以通过地震仪记录的数据计算来确定。震级越高，表明地震释放的能量越多。一次地震只有一个震级。震级每相差一级，它们的能量约相差30倍。

一个8级地震≈30个7级地震

≈30×30个6级地震

≈30×30×30个5级地震

≈30×30×30×30个4级地震

……

微震：1级 ≤ 震级<3级的地震。

小震：3级 ≤ 震级<4.5级的地震。

中震：4.5级 ≤ 震级<6.0级的地震。

强震：6.0级 ≤ 震级<7.0级的地震。

大震：震级 ≥ 7.0级的地震。

特大地震：震级 ≥8.0级的地震。

有感地震：震中附近的人能够感觉到的地震。

破坏性地震：造成人员伤亡和经济损失的地震。

严重破坏性地震：造成严重的人员伤亡和财产损失，使灾区丧失或部分丧失自我恢复能力的地震。

地震的破坏力——烈度

古语说的好：“覆巢之下，安有完卵？”看来我那些还未出生的小鸡们是保不住了！
震中
向左？还是向右？这是个问题！
离震中稍远的地方
真是可恶，我那刚出锅的骨头汤还没有来得及喝就全部洒了！
离震中比较远的地方
刚才好像摇晃了一下下？
离震中很远的地方

地震烈度是指地面及房屋等建筑物受地震影响和破坏的程度，用“度”来表示。地震烈度与震级大小、震中距离、震源深度和地质条件等因素有关。对同一次地震而言，由于它对不同地方的影响程度不同，所以各个地方所表现的烈度大小也不一样。距离震中近的地方破坏大，烈度高；距离震中远的地方破坏小，烈度低。这就好像在水中投掷一块石头，离投掷点较近的地方，会引起大的波浪，而较远的地方只会泛起小小的涟漪。目前我国将地震烈度分为 12 度，用罗马数字Ⅰ～Ⅻ表示。

Ⅲ度以下：一般情况下人没有感觉。

Ⅲ度：少数静止的人有感觉，仪器能记录到。

Ⅳ～Ⅴ度：睡觉的人会惊醒，门窗作响，吊灯摆动。

Ⅵ度：器皿倾倒，房屋轻微损坏。

Ⅶ～Ⅷ度：房屋受到破坏，地面出现裂缝。

Ⅸ～Ⅹ度：桥梁、水坝损坏，房屋倒塌，地面破坏严重。

Ⅺ～Ⅻ度：毁灭性的破坏。

1976 年的唐山大地震，震级为 7.8 级，震中的烈度为Ⅺ（11）度，受地震波及的天津地区烈度为Ⅷ（8）度，北京市为Ⅵ（6）度，再远些的石家庄、太原只有Ⅳ～Ⅴ（4～5）度了。

地震的深浅

浅源地震：震源深度在 60 千米以内的地震，这类地震占全球地震总数的 72.5%。

中源地震：震源深度在 60 ~ 300 千米的地震，这类地震占地震总数的 23.5%。

深源地震：震源深度超过 300 千米的地震，这类地震只占极少数。目前记录到的最深的地震发生在地下 700 千米。

破坏性地震一般是浅源地震。如 1976 年唐山大地震的震源深度为 11 千米，2008 年汶川特大地震的震源深度为 14 千米。

地震的远近

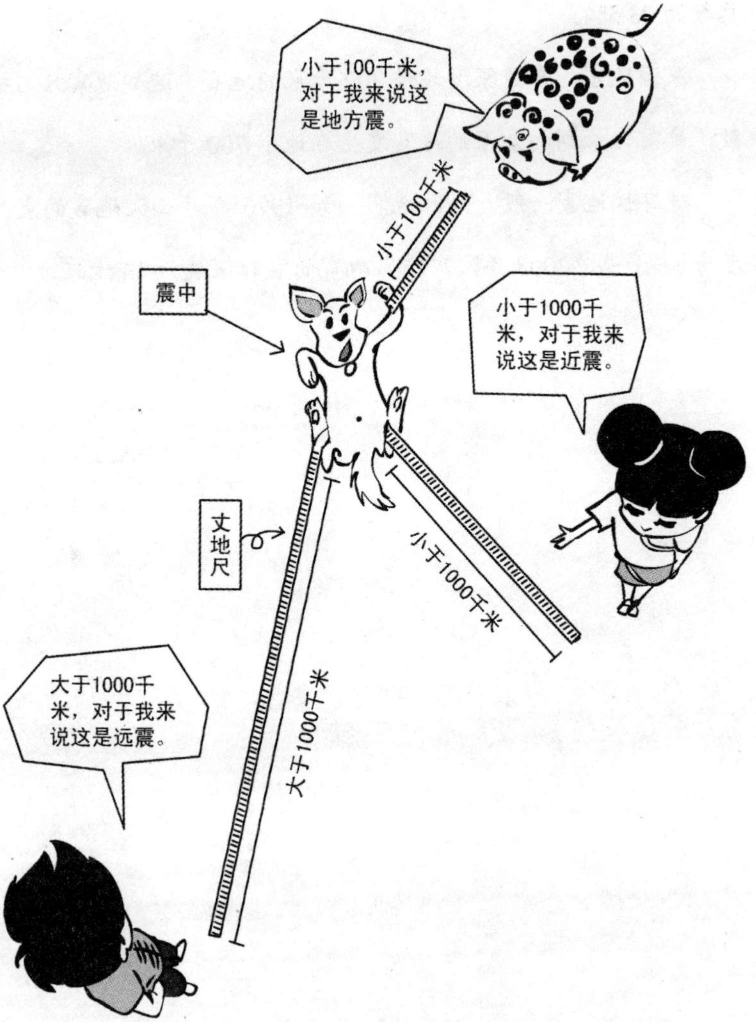

地方震：相对于观察者而言，震中距在100千米以内的地震。
近震：震中距在1000千米以内的地震。
远震：震中距大于1000千米的地震。

地震的分类

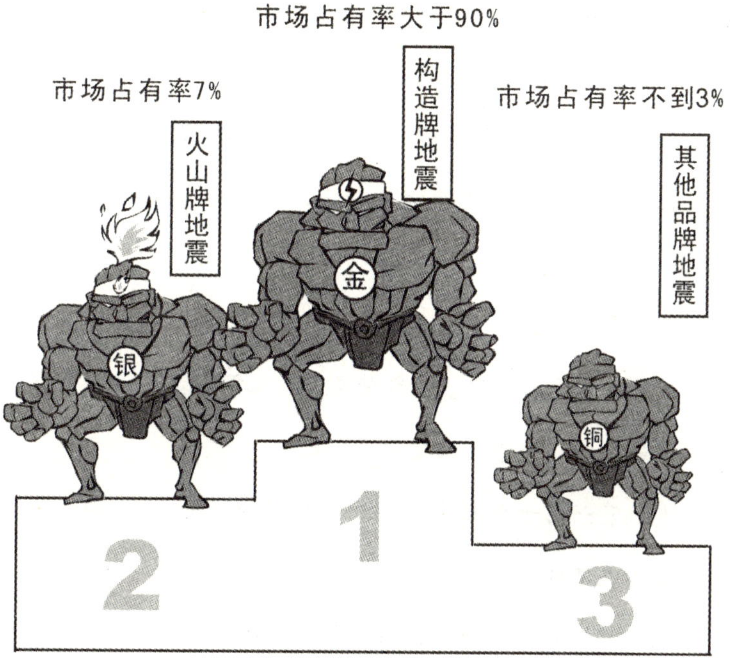

构造牌地震以90%以上市场占有率的绝对优势垄断全球地震市场,令其他品牌地震望尘莫及。

地震分为天然地震和人工地震两大类。天然地震又分为构造地震、火山地震、塌陷地震、诱发地震等多种类型，其中以构造地震为主。

构造地震：由于地下深处岩层破裂、错动所造成的地震。我们平时所说的地震基本上都是这种地震。这类地震最多，破坏性最大，约占全球地震的90%以上。

火山地震：由于岩浆作用，火山爆发、气体爆炸等引起的地震。只有火山活动区才可能发生火山地震，这类地震只占全球地震的7%左右。

塌陷地震：由于地下岩洞或矿井顶部塌陷而引起的地震。这类地震强度较小，次数也很少，即使有，也往往发生在溶洞密布的石灰岩地区或大规模地下开采的矿区。

诱发地震：由于水库蓄水、油田注水等活动而引发的地震。这类地震仅仅在某些特定的水库库区或油田地区发生。

人工地震：人为活动引起的地震。如地下核爆炸、工业爆破等造成的地表振动。

地震序列

这两天总是发生一些小地震，这是前震还是一般的小地震呢？
几天后
刚才发生的地震可不小，应该就是主震了，看来近几天的那些小地震都是前震。
又过了几天
又是一些小地震，这几天的余震可真多。
报告雯雯，这次地震的序列已经绘制完毕，共发生23次前震，125次余震，主震震级为5.2级。

一般情况下，地震不是只震一下就结束的单一事件，我们把一次地震前后几天、几个月或是几年时间内发生的、具有某种共同点的大大小小的地震按时间顺序排列起来，组成一个序列，称之为“地震序列”。根据这个序列中的大小地震的比例、各个地震所释放的能量特征等，将地震序列分为主震型地震、震群型地震和孤立型地震。

主震：一个地震序列中最大的一次地震，一般释放的能量占序列中所有地震的90%以上，它是这一地震序列的主力。

前震：主震前的一系列小地震，它们是主震之前的先遣部队。不过有些情况下并无前震，主震往往冲锋在前，让人们防不胜防。

余震：主震后的一系列地震，它们是主震之后的后续力量。

（1）主震型地震序列：主震特别突出，释放的能量占全序列的90%以上。这种地震按有无前震和余震，又分为前震—主震—余震型地震和主震—余震型地震。

前震—主震—余震型地震是既有前震也有余震的地震序列，1975年发生的海城地震，主震前出现许多小的地震，是它得以成功预报的重要原因之一。

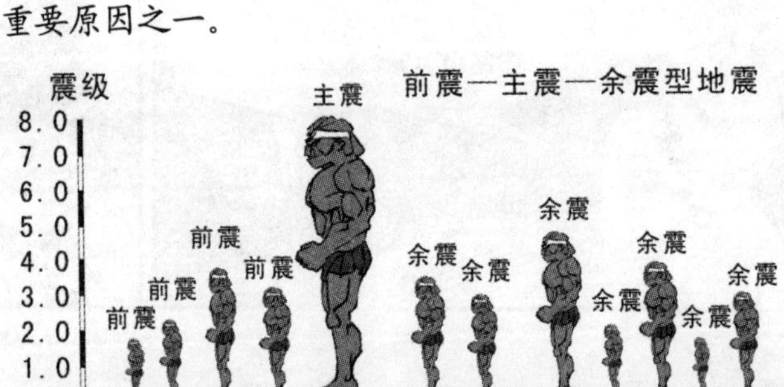

主震—余震型地震没有前震，只有很多的余震，唐山大地震和汶川特大地震震前都没有明显的前震，给预报工作带来了很大的困难。

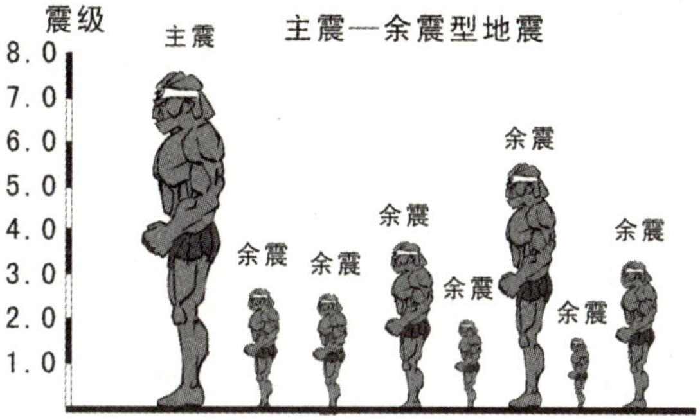

（2）震群型地震：没有突出的主震，能量主要通过多个震级相当的地震释放，释放的能量占全序列的80%以上。

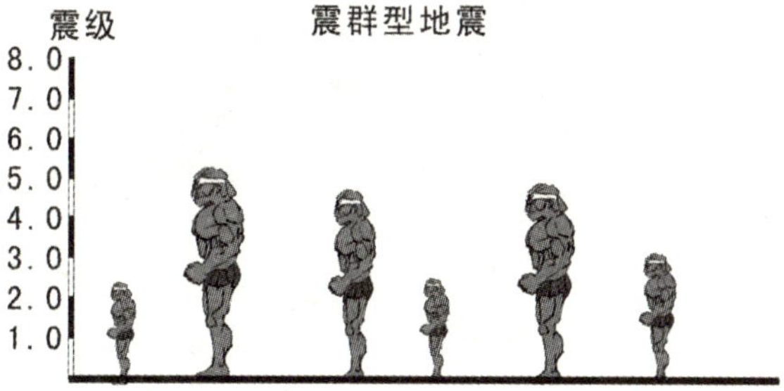

（3）孤立型地震：没有前震，而且余震少而小，与主震的震级相差比较大，地震的能量基本上是由主震一次性释放完的。

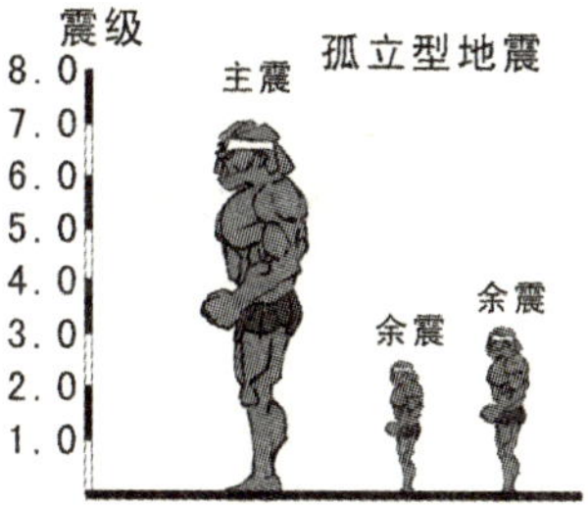

地震经常作案的地点

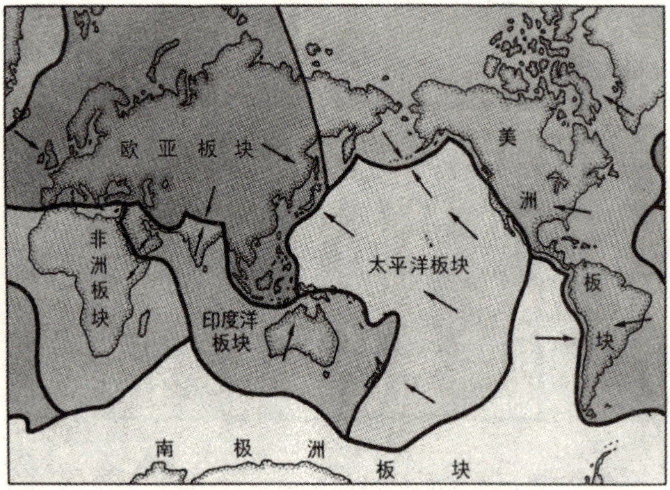

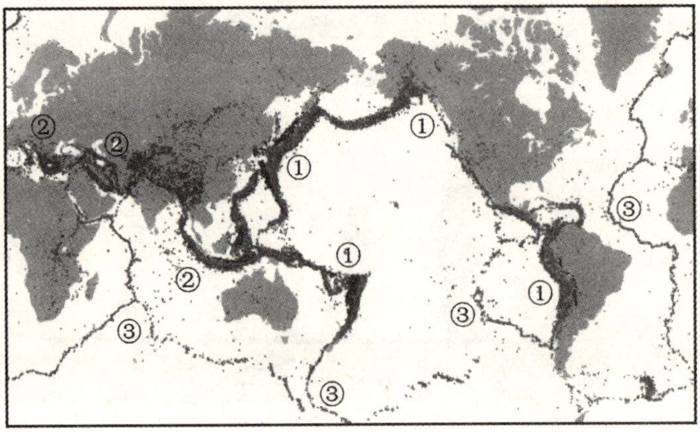

①环太平洋地震带；②欧亚地震带；③海岭地震带

从上面地球的几大板块与地震带分布图比较可以看出，世界上的三大地震带正好分布在板块交界处。

世界上的地震并不是均匀分布的，而是有所集中地分布在一些特定的区域。把世界地震分布与全球板块分布相比较，可以明显看出，绝大多数地震（约85%）都分布在板块的边界上，一小部分发生在板块内部的活动断层上。我们把这些呈条带状分布的地震活动频繁的地区称为地震活动带。

全球主要地震活动带有三个：

（1）环太平洋地震带。分布在太平洋周围，这是地震分布最广、数量最多的地震带。这个地震带所释放的能量约占全球地震能量的80%位于环太平洋地震带的国家及地区主要有：日本、中国台湾、菲律宾、印尼、新西兰等。

（2）欧亚地震带。从地中海向东至喜马拉雅山，然后向南经我国横断山脉，呈弧形转向东，至印度尼西亚。世界上约15%的浅源地震、10%的中源地震和极少数的深源地震发生在这个地震带上。地震释放的能量约占全球地震释放总能量的15%～20%。位于欧亚地震带的国家及地区主要有：印尼、缅甸、中国大陆、伊朗、土耳其等。

（3）海岭地震带。海岭是海洋岩石圈被撕裂的伤口，岩石圈下的岩浆从这里涌出。冷却后的岩浆沿裂口堆积，日积月累就成为海底山脉。海岭地震带分布在太平洋、大西洋、印度洋的海岭。特点是地震带的宽度窄，地震发生的频度低，震源浅（不超过30千米），能量小，且常以震群形式出现。海岭地震带发生的地震仅占全球的约5%，几乎都是浅源地震。

为什么地震会造成那么大的破坏

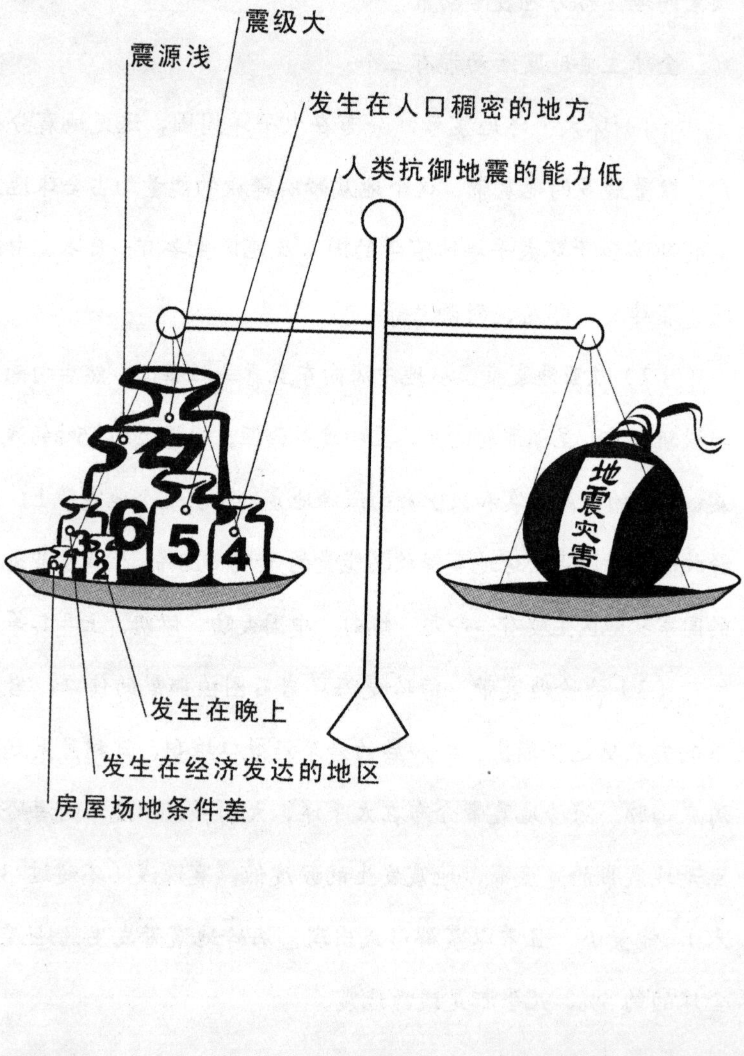

地震是一种自然现象，它本身并不等同于地震灾害。只有当它对人类社会造成破坏时，才能称为灾害。地震波传到地面后，引起地面强烈振动，造成建筑物倒塌并由此危及人身安全、造成经济损失。这是地震造成灾害最主要，也最常见的原因。地震能否造成灾害以及造成多大的灾害，其主要影响因素有：

（1）地震本身的状况。如震级（一般在 5.0 级以上可造成破坏）、震源深度、发生时间等。

①震级越大，释放的能量也越大，可能造成的灾害当然也越大。如一次 8 级地震所释放的能量是 7 级地震的 30 倍。

②在震级相同的情况下，震源深度越浅，震中烈度越高，破坏也就越重。一些震源深度特别浅的地震，即使震级不太大，也可能造成很大的破坏。

③破坏性地震如果发生在夜间，所造成的人员伤亡可能比白天更大，平均可达 3 ~ 5 倍。

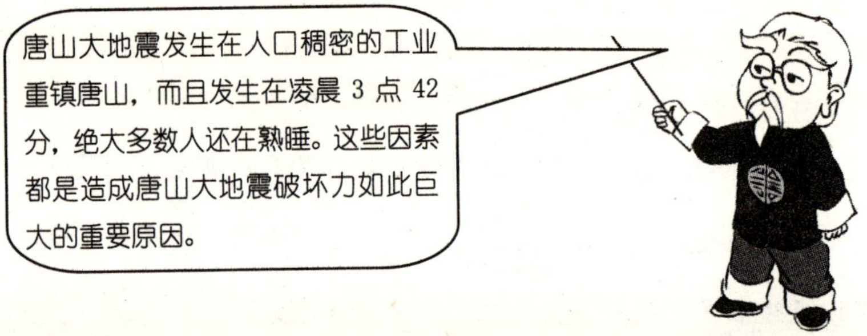

（2）房屋所在地的场地条件。场地条件主要包括土质、地形、地下水位和是否有断裂带通过等。一般来说，土质松软、覆盖土层厚、地下水位高、地形起伏大、有断裂带通过，都可能使地震灾害加重。

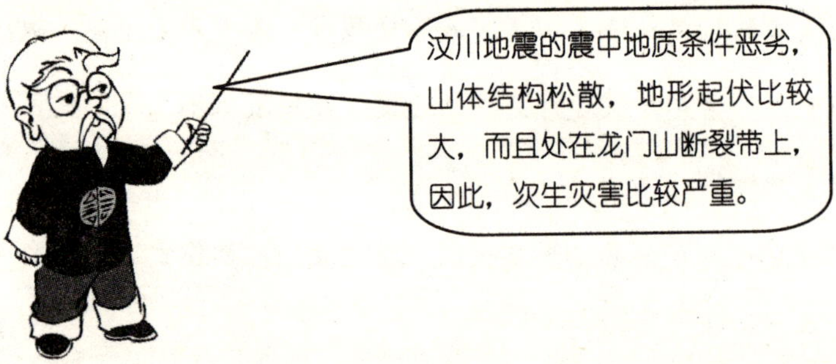

（3）人口密度和经济发展程度。如果地震发生在没有人烟的高山、沙漠地区，即使震级再大，也不会造成伤亡或损失。相反，如果地震发生在人口稠密、经济发达、社会财富集中的地区，特别是在大城市，就可能造成巨大的灾害。

（4）人类抗御地震的能力。如建筑物抗御地震的能力，社会对地震灾害的监测、预报、防御状况及应急救援能力，人们是否具备防震知识等。

20世纪以来，我国已发生5.0级以上地震3600多次，其中8.0级以上10次……

除贵州、浙江两省和香港特别行政区外，我国其他各省、自治区、直辖市都发生过6.0级以上地震；60%的省份发生过7.0级以上地震……

为什么地震对我国“情有独钟”？

第三讲

我国深受地震灾害之苦

我国位于环太平洋地震带与欧亚地震带之间

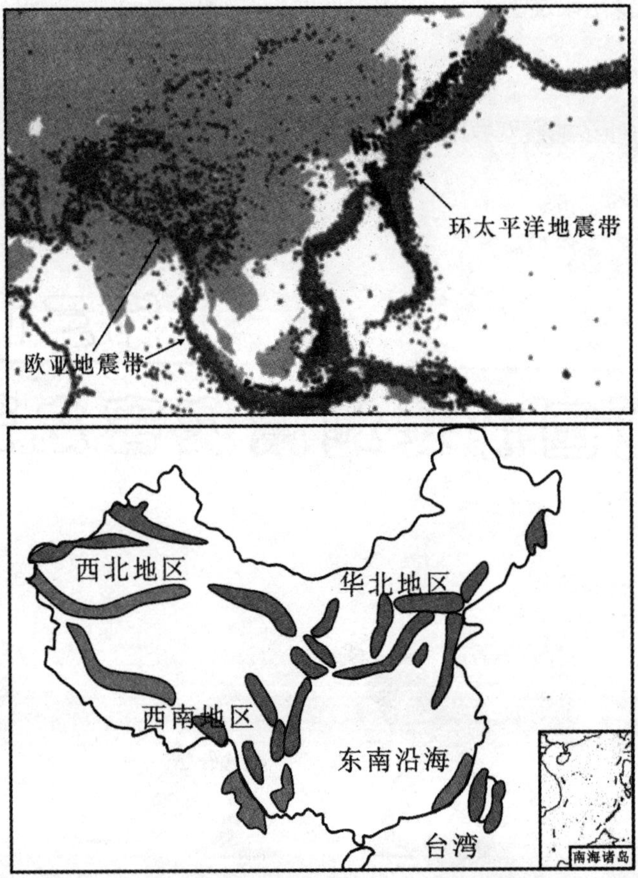

我国位于世界两大地震带——环太平洋地震带与欧亚地震带之间，受太平洋板块、印度洋板块和菲律宾海板块的挤压，地震断裂带十分发育，是一个地震频度高、强度大、震源浅、分布广泛，地震灾害频繁的国家。

我国的地震活动主要分布在 5 个地区的 23 条地震带上。这 5 个地区是:

（1）台湾省及其附近海域。

（2）西南地区，主要是西藏、四川西部和云南中西部。

（3）西北地区，主要在甘肃河西走廊、青海、宁夏、天山南麓和北麓。

（4）华北地区，主要在太行山两侧、汾渭河谷、阴山—燕山一带、山东中部和渤海湾。

（5）东南沿海地区，主要是广东、福建等地。

我国的台湾省位于环太平洋地震带上，西藏、新疆、云南、四川、青海位于欧亚地震带上。

为什么我国的地震灾害严重

（1）我国地震活动区域广、强度大，而且绝大多数地震的震源深度在 40 千米以内，特别是我国大陆的东部地区，震源一般都在 10～20 千米。

（2）我国人口密度大，许多人口稠密地区，如台湾、福建、华北北部、四川、云南、甘肃、宁夏等，都处于地震的多发地区；约有一半城市处于抗震设防烈度 7 度或 7 度以上地区，北京、西安、兰州等均位于 8 度区内。抗震设防烈度是国家规定的一个地区的建筑物抗震设防的标准，分为 6 度、7 度和 8 度三个等级，等级越高，对建筑物的抗震设防要求也就越高。

（3）长期以来科学技术和经济落后，广大农村和相当一部分城市房屋及工程设施抗震性能差，抵御地震灾害的能力低。

（4）缺乏地震科普宣传，防震减灾知识普及面不广。

（5）缺少防震减灾知识，震时不能采取正确的避震方式，震后自救互救能力不强。

2008 年汶川 8.0 级特大地震

据统计，2008年汶川8.0级特大地震共造成69227人死亡，17923人失踪，造成直接经济损失8451亿元人民币。

这次地震的震中位于青藏高原地块和四川盆地地块交接的龙门山断裂带。受到西边印度洋板块的挤压，青藏高原每年以数厘米的速度向东推挤，却被相对稳定的四川盆地地块阻挡，经过日积月累，龙门山断裂带集聚了大量的应力，随时等待爆发。2008年5月12日14时28分04秒，已经无法承受更多应力的岩体开始破裂，并释放出巨大的能量，振动了几乎整个华夏大地及东南亚部分地区。

地震来临前有异常么？

哪些异常我们人类能用肉眼看见，哪些则需要用仪器观测？

哪些是真正的地震前兆异常，哪些则只是干扰？

发现异常我们该怎么办？

第四讲

倾听地震来临的脚步声

行为反常的动物

雪霁天晴朗，腊梅处处香……
大冬天的不好好冬眠，冻死活该！别指望我会把你捂在怀里给你取暖，我可听过《农夫和蛇的故事》！
这个怎么不动弹呢，是不是已经死掉了？
切！要不是因为要闹地震，我才不会出来受这份罪呢！

生物异常是常见的地震宏观异常，其中最多的是动物异常。动物震前“预知”地震的实例早有记载，根据国内外的震例，已发现130种动物在地震前可表现出异常反应，其中日常生活中易见的有几十种。最容易出现异常的动物有：鱼类的鲤、鲫、鲢、泥鳅，两栖类的青蛙，爬行类的蛇，鸟类的鸡、鸭、鹅、鹦鹉，哺乳类的牛、马、羊、猪、狗、骡、驴、老鼠等。

它们在地震前出现的异常反应特点是：活动反常，惊慌不安，乱叫乱跑，不进圈厩，不吃食或发呆，神态萎靡不振，生活习性变化（如冬眠的蛇出洞，老鼠白天活动不怕人，大批青蛙上岸活动），条件反射消失等。

但这些动物异常常常会受到例如气象因素、人为因素和动物生理变化等因素的干扰。

（1）气象因素。气温、气压、湿度等的变化，如地温升高引起冬眠的蛇出洞，天气阴雨常使燕子低飞、蚂蚁搬家等。

（2）人为因素。环境污染、饲养不当等，如河水污染引起鱼中毒死亡、青蛙集体搬家，饲料不适造成家畜、家禽厌食或逃离等。

（3）动物自身因素。动物自身患病、发情、怀孕等。

一旦发现宏观异常现象，一定要慎重对待，可以先找熟悉情况的人一同分析原因。如果无法辨别真伪，应报告地震部门。

呱呱呱
哇，好壮观啊！
这么多癞蛤蟆集体行动，是不是地震前兆啊？
呱呱呱

我虽然很丑，但我也有尊严，别再玩弄我了行么？再说了，我还要赶时间呢！

人类也太不讲究了，乱排污水，把我们的家都给污染了，害得我们要去找新家！

哎呀，要做妈妈了，好像还没有做好心理准备呢！怎么办啊？
妈妈，咱们家的点点老是走来走去的，是不是要闹地震了啊？
是不是要闹地震得综合分析，不能仅靠这一两个异常就断定会发生地震。很有可能是因为猪妈妈怀了小宝宝而心烦呢！
毕竟是做妈妈的人，还是你了解我。理解万岁！

变色变味的地下水

那口井里的水怎么又脏又臭的？是不是要闹地震了啊？
放心吧，刚才地震部门来人说是因为旁边的排污管破裂引起的。
这只青蛙真有意思，老是一沉一浮的！
救命啊，有谁来救救我这可怜的青蛙！我快要被熏死了！

较强地震发生前，地下水（即井水和泉水）也会出现明显的异常现象。一般在较大范围区域内，有的井水水位迅速上升，溢出地面，有的井水则急剧下降，甚至井水干涸。在无井的地方有的会出现冒水，有泉水的地方泉水有的会断流。有的水面上漂浮油花、冒气泡、水打转儿、变浑、发臭、翻泥沙等，有的井水味由甜变苦或由苦变甜，有时水温升高。地下水起变化的范围可达 300~500 平方千米。震区的群众说得好：

井水泉水是个宝，地震前兆来得早。

无雨泉水浑，天旱井水往外冒。

水位大升降，翻花打旋冒气泡。

有的变颜色，甜水变成苦味道。

天变要下雨，水变地震要来到。

建立观察网，发现异常快报告。

地下水异常也容易受到气象因素和人为因素的干扰。

（1）气象因素：干旱、降雨、气压变化等。

（2）人为因素：用水量变化、地下管道破裂、工程活动、污染等。

地声与地光

在地震前数分钟、数小时或数天，往往有声响从地下深处传来，以临震前几分钟出现居多，人们习惯称之为地声：有的像大型履带式拖拉机接连不断地从远处驶过，有的如列车从地下飞奔而来，有的如采石所放的连珠炮在头顶上空炸开，有的则像巨石从高处滚落。这些奇怪的声响与平时城市的噪声完全不同。

地声也是一种地震即将来临的信号，声音越大、声调越沉闷，地震也越大。反之，地震越小。听到地声时，往往地震就要发生了，应该赶紧离开房屋，采取紧急防御措施。

地光通常出现在地震前和地震发生时，主要出现在震中区，没有明显的分布规律，也看不到来自地下的通道，总是突然出现在空中。其形状可以分为闪电状、片状、条带状、柱状、探照灯状、散射状和火球状。颜色也有很多，有红、黄、蓝、白、紫等，出现的时间很短，往往是一闪而过。地光是一种地震即将来临的信号，看到地光时应立即采取避震措施。但它们很容易和其他现象混淆，如闪电、探照灯等，因此不能将一切闪光现象都归结为地光，否则可能会引起不必要的恐慌。

更多的异常我们无法用肉眼观察到

在很多情况下，与地震活动有关的一些细微的异常变化我们无法用感觉器官察觉到，如人们无法感觉到的微震、地壳的形变、海平面的升降（指正常潮汐以外的升降变化）、地下水化学成分的变化、地震波传播速度的变化、地应力场的调整和变化、地球磁场的变化、地下电阻率的变化、地球重力场的变化以及地壳温度的变化等。这些异常只能借助高精度的仪器设备才能检测到，我们称之为“微观前兆异常”。

微观前兆都由专业地震台站及测报点用专门的监测仪器常年进行观测。

地震能预测么？

为什么有些地震我们预测到了，而更多的地震我们事前却毫无察觉？

我们很容易就能上天，却为什么还是不能预测地震？

我们什么时候才能像预测天气那样预测地震？

第五讲

地震预报

地震预报的发布

国务院负责发布全国性的地震长期和中期预报。
省、自治区、直辖市负责发布行政区域内的地震长期预报、中期预报、短期预报和临震预报。
已经发布地震短期预报的地区，如果发现了明显的临震异常，可以由当地市、县人民政府发布48小时内的临震预报。

我国对地震预报实行统一发布制度。

（1）全国性的地震长期预报和中期预报，由国务院发布。

（2）省、自治区、直辖市行政区域内的地震长期预报、中期预报、短期预报和临震预报，由省、自治区、直辖市人民政府发布。

（3）已经发布地震短期预报的地区，如果发现明显临震异常，在紧急情况下，当地市、县人民政府可以发布 48 小时之内的临震预报，并同时向省、自治区、直辖市人民政府及其管理地震工作的机构和国务院地震工作主管部门报告。

牢牢记住：

只有市、县级以上人民政府才有权发布地震预报，其他任何单位或个人，包括地震部门的研究单位或工作人员，都不允许向社会透露、散布有关地震预测的消息。

世界上第一台地震仪——张衡地动仪

从古至今，人们一直遭受着地震灾害的侵扰。东汉是我国地震灾害比较频繁的时期，当时担任太史令的张衡开始研制能够报告地震的装置。经过多年的钻研，终于在公元 132 年发明了世界上第一台测定地震方位和时间的科学仪器——张衡地动仪。

张衡地动仪是用青铜铸成的，直径 2.7 米，外型像个酒樽，机关装在樽内，外面按东、西、南、北、东北、东南、西南、西北 8 个方位各雕刻了一条龙，每条龙嘴里含有一枚小铜球，龙嘴下方蹲着一个铜蛤蟆，昂头张口，当某个方位发生了较强的地震时，樽内相应的机关会感知到振动，从而触动龙头内的杠杆，使发生地震的那个方位的龙嘴张开，龙嘴里含着的小铜球会落到蛤蟆嘴里，发出响声，提醒观测人员注意。

地动仪结构精巧，它的关键机构是一根称为“都柱”的倒立摆，都柱的重心高、支撑面小，因此稳定程度很差，受到轻微的振动就容易倾斜。当某地发生地震时，从震源区传来的震动会使都柱的下部发生微小的移动，都柱的上部由于惯性而倒向震源的方向。都柱倾倒时，会推动这个方向的杠杆，使相连的龙嘴张开，于是龙嘴里的小铜球就落到它下面的蛤蟆嘴里。所以，看到哪个方向龙嘴里的小铜球下落，就知道那个方向发生了地震。

近代的地震仪在 1880 年才制成，它的原理和张衡地动仪基本相似，但时间上却晚了 1700 多年。

地震预报是对地震发生的时间、地点和震级的预报

地震预报，是指用科学的思路和方法，对地震的发生时间、地点和震级做出预报。它针对的不是一般的小地震，而是可能形成灾害的地震，尤其是破坏性极强的地震。

通常来说，地震预报分为长期预报、中期预报、短期预报和临震预报四个阶段。

长期预报：对未来 10 年内可能发生破坏性地震的地域的预报。

中期预报：对未来 1～2 年内可能发生破坏性地震的地域和震级的预报。

短期预报：对未来 3 个月内将要发生地震的时间、地点和震级的预报。

临震预报：对未来 10 天内将要发生地震的时间、地点和震级的预报。

预报类型	预报时期	预报内容
长期预报	未来 10 年	地域
中期预报	未来 1～2 年	地域、震级
短期预报	未来 3 个月	时间、地点和震级
临震预报	未来 10 天	时间、地点和震级

目前我国对中期预报和长期预报有一定的认识，但短期预报和临震预报的成功率还很低。

地震预报仍然是世界性的难题

地震预报是十分复杂的世界性科学难题，目前只有中国、日本、美国、俄罗斯、土耳其等少数国家在从事这方面的工作，各国在预报理论上大致相同，没有重大突破。

（1）人类开始正式进行地震预报的探索研究，还仅仅是40多年前的事。尽管全世界的科技人员为地震预报作出了不懈的努力，地震监测手段和仪器进步神速，地震预报研究也有了长足的进步，但目前仍然不能对地震做出准确的预报，尤其是短期预报和临震预报，仍处于经验性预报的探索阶段。

（2）“上天容易入地难”，地震预报需捕捉来自地下的信息，目前我们深部观测技术发展还非常慢，或者说和空间技术相比差距很大。现在人类打得最深的井是12千米，而地震发生在很深的地方，现代人类的认识能力和科学技术水平还没有达到地震预报所要求的高度。

（3）根据异常来预报地震也存在很大的问题，比如有的地震发生前没有很明显的异常出现，有时出现很多异常情况，但是最后没有发生地震；同一地区不同地震的异常表现和同一次地震不同地区的异常表现差异很大；地震异常的统计、对比等方法有很大的局限性，这些复杂情况都导致了根据地震异常预报地震的困难。

我国是唯一对大地震做出过成功短临预报的国家

1975年2月，我们成功地预报了辽宁海城7.3级地震，并在震前果断地采取了预防措施，大大减轻了这次地震的人员伤亡和损失。此外，我们对1976年松潘—平武间的7.2级、6.7级、7.2级地震，1976年盐源—宁蒗间的6.7级、6.4级地震，以及1998年宁蒗6.2级地震群等许多破坏性地震，也都做过不同程度的预报，取得了比较好的社会效益。但是，1976年的唐山7.8级大地震和2008年汶川8.0级特大地震等，我们却没有能够做出预报。

在世界上其他国家，包括像美国、日本等发达国家在内，地震预报也仍然处于探索阶段，地震预报还远远没有做到像天气预报那样准确。

为什么会出现地震谣言？

在什么情况下最容易出现地震谣言？

怎样识别地震谣言？

第六讲

识别地震谣言

地震谣言的传播条件

高主任，听说你们社区最近出现不少地震谣言？
是啊，我们社区房屋比较密集，也比较老旧，抗御地震的能力不强，所以居住在这里的人们都比较害怕地震，再加上不了解地震，容易引起地震谣言。
这几天你们辟谣挺辛苦的吧，他都累成那样了！
惭愧，他是我们的副主任，他最害怕地震了，听见“地震”两个字就会晕倒，这几天他都不知道晕了多少次了……

地震谣言是指毫无事实根据并以非正规途径进行社会传播的地震传闻。地震谣言是伴随着地震灾害出现的特有现象，也是地震灾害与其他灾害不同的重要特征之一。害怕地震的心理、缺乏必要的地震知识都是地震谣言得以传播的条件。

（1）害怕地震的心理。

破坏性地震是群害之首，它来势迅猛，威力巨大，造成房屋倒塌、人员伤亡，损失惨重，导致人们对地震的心理承受能力比较脆弱。因此人们关心地震、害怕地震，喜欢打听地震消息，稍有风声，广为传播，这是地震谣言产生和很快传播的重要原因。

（2）居住环境不太好。

一般来说，居住条件好，房屋建筑质量高，环境空旷，便于撤离和躲避的，人们恐震心理较轻，地震谣言不易发生和传播。相反，人口密度大，建筑物比较拥挤、建筑质量不高，而且建筑物比较老旧的地方容易发生地震谣言。

（3）缺乏一定的地震知识。

发达国家和地区始终把防震减灾知识的宣传教育列入国民教育体系，广泛开展防震减灾知识宣传，提高社会公众对防震减灾的参与程度，掌握自救与互救的技能。而我国在防震减灾知识宣传和教育方面，做得还远远不够。

地震谣言的起因

光天化日之下，居然敢偷吃供品！
你狗拿耗子，多管闲事！
当！
不好啦，庙里的观世音菩萨倒了！汶川刚发生地震，估计现在该轮到咱们了！

（1）防震减灾工作被误解引起的地震谣言；

（2）个人地震预测意见泄漏引起的地震谣言；

（3）地震预报意见、地震预报意见评估结果被泄漏引起的地震谣言；

（4）对自然现象误解引起的地震谣言；

（5）异地或海外传闻引起的地震谣言；

（6）封建迷信或无中生有制造的地震谣言。

地震谣言容易出现的时间

（1）当地发生有感地震，特别是强有感地震后，或是国内外其他地区发生破坏性地震后，特别是人员伤亡惨重的特大破坏性地震之后。

（2）防震减灾正常工作引起误解。

（3）出现异常自然现象或自然灾害时。

如气候反常，地下水、动植物异常时，容易使人们联想到地震征兆。

（4）内部预测意见或个人预测意见外泄之后。

如何识别地震谣言

听说咱们市后天下午要发生7级大地震呢！
听说咱们市后天下午两点要发生8级大地震呢！
有外国专家说，咱们市后天下午两点要发生8级大地震呢！
大妈大婶们，这消息说得那么精确，假得也太离谱了！

地震谣言有如下特点：

（1）带有封建迷信色彩或伴有离奇传说；

（2）“预报”的地震震级很大或很精确，发震时间、地点十分明确；

（3）说是某专家或某地震机构甚至是外国人做的预报。

因此，“预报”的地震震级很精确，发震时间、地点很具体的传闻是谣传，如时间准确到某日某时，地震准确到某乡某村；跨国地震预报是谣传；地震小道消息是谣传；凡带有封建迷信色彩和离奇古怪传说的地震传闻更是谣传。

地震预报是世界难题，对发震时间、地点、震级的预报，都只能给出一个范围，不可能十分具体和精确；而且只有市县级以上政府才有权向社会公开发布地震预报，其他任何个人和单位都无权发布。

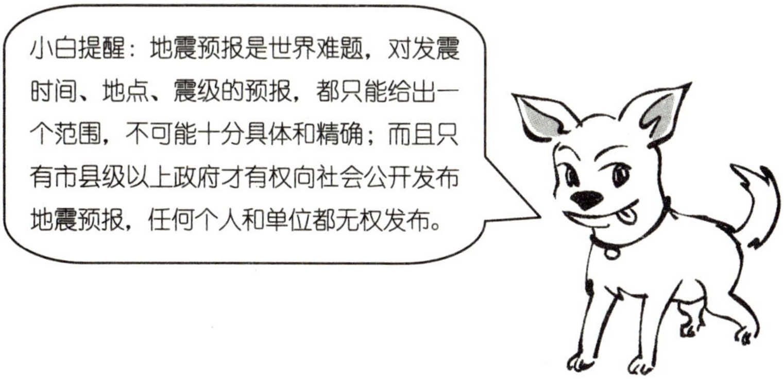

地震要来了，你准好了么？

你家的房子够坚固么？

你的地震知识够用么？

你进行过防震演练么？

你准备好了防震应急包么？

第七讲

迎战地震

地震时家中哪些因素最有可能引起伤亡

挑错题：下图是川川的家，你觉得图中家具等物品摆放正确么？如果不正确，请用圆圈圈出来。

作业提交人：川川

房间是我精心布置的，我觉得没有什么不对啊！

作业提交人：雯雯

下图为参考答案。

地震的时候，在房间内可能引起伤亡的原因有：

（1）房屋被震坏或倒塌。

（2）房屋被外界其他倒塌物砸坏。

（3）室内家具、物品掉落或倾倒毁物伤人。

（4）室内危险品引起火灾等次生灾害。

因此即使住房很结实，也不能忽视室内的防震措施。要做到：

（1）取下墙上的悬挂物，防止掉落伤人，堵塞通道。

（2）房门口、内外走廊上不要堆放杂物，使楼道通畅，有利于震时尽快从室内撤离。

（3）将家中易燃易爆或有毒的物品放在安全地带，防止火灾等次生灾害的发生。

（4）高大家具要固定，组合家具要连接并固定在墙上或地上；橱柜内重的东西放下面、轻的东西放上面；尽量不使用带轮子的家具，以防震时滑移。

（5）储放易碎品的橱柜最好加门、加锁。

（6）床的位置要避开外墙、窗口、房梁，选择室内坚固的内墙边安放；床要牢固，最好不使用带有轮子的床；床上方不要悬挂吊灯、镜框等重物；床下不要堆放杂物。

准备好室内避震藏身的场所。

（1）利用写字台等坚固、低矮的家具下面作为避震空间。

（2）小开间房间在地震时易于形成三角空间，要清理干净里面的杂物，以便地震的时候藏身避险。

进行一次mini家庭防震演练很有必要

地震往往突如其来，好多事都要在极短的时间内和困难的条件下完成，如紧急避险、撤离等。所以，进行一次家庭防震演练是必要的。可以设定地震时全家人在干什么，将地震强度设定为一次破坏性地震。

演练的主要内容有：

（1）假如地震突然发生，在家里怎样避震？

（2）确定避险方式：室内避震还是跑往屋外？

（3）根据每人平时正常生活环境，明确每人的避震位置或方式。

（4）震后紧急撤离：地震停止后，如何从家中撤离到安全的地方？撤离时要带上防震包，青年人要照顾老年人和孩子，要注意关闭水、气和熄灭炉火。

（5）紧急救护：掌握伤口消毒、止血、包扎等知识；学习人工呼吸等急救技术；了解骨折等受伤肢体的固定以及某些特殊伤员的运送、护理方法等。

准备好家庭紧急备用品

大家来分工检查一下防震应急包里面的东西，快到保质期的就拿出来更换掉，其他的检查一下能不能正常使用。
嘟！
口哨、锤子、铲子、斧头、小钢锯、手套检查完毕，一切正常。
手电筒、干电池、药品、收音机检查完毕，一切正常。
灌装饮用水正常，巧克力快过期，不过……我已经处理掉了。
上面明明写着还有1年才过保质期，你居然没有看就全吃了！
巧克力

准备一个家庭防震应急包，并定期检查里面的物品是否过期或能否继续正常使用。

防震应急包应包含如下物品：

（1）灌装饮用水，巧克力等够三天食用量的食品，在震后被困时可以维持生命。

（2）手电筒、干电池，用于震后在断电、漆黑的情况下寻找逃生通道。

（3）急救医药品，如纱布、消炎药品等。

（4）便携式收音机，地震后可以及时获得震情、救援信息。

（5）锤子、铲子、斧头、小钢锯、手套等简单的营救工具，放在即使房屋受到破坏后也能够立即拿到的地方。

（6）口罩，因为地震带来的落尘会使人窒息，有口罩或小块干净的布，就可以在被困时放在鼻口部位过滤灰尘。

（7）口哨，在震后被埋压时呼救使用。

做好学校的防震准备

……我们成立了地震应急指挥小组，我担任组长……
张校长
张组长早上好！
川川组长，早上好！
唉，真伤脑筋呐！
组长？那不是和我的级别一样高？哈哈！
三（2）班3组组长
……我们会定期进行避震演练，还会贮存必要的水、食品、药品等简单的生活用品……

学校在破坏性地震短临预报发布后组织师生做好防震准备，是减轻震害损失的最及时有效的方法。

（ 1 ）学校要成立临震应急指挥小组，全校进入临震状态。

（ 2 ）学生要了解学校的防震要求，积极参加防震减灾知识的学习和宣传。

（ 3 ）组织师生学习、掌握防震、避震和自救、互救知识。

（ 4 ）做好本班的防震准备，如把桌椅摆放得与外墙和窗户保持一定距离，以免地震时伤人；加固课桌、讲台，便于震时藏身。

（ 5 ）进行临震应急和避震演练。在老师带领下进行防震练习，包括室内“一分钟紧急避险”、震后撤离教室的练习，震后疏散实地练习，自救、互救练习。

（6）学校贮存必要的水、食品、药品等简单的生活用品。

有时，地震并不像你所想象的那么可怕，真正房倒屋塌的灾难性地震还是少数，只要有所准备，沉着、冷静地应对灾变，就有可能避震成功。反之，惊慌失措，很可能会造成不应有的损失。

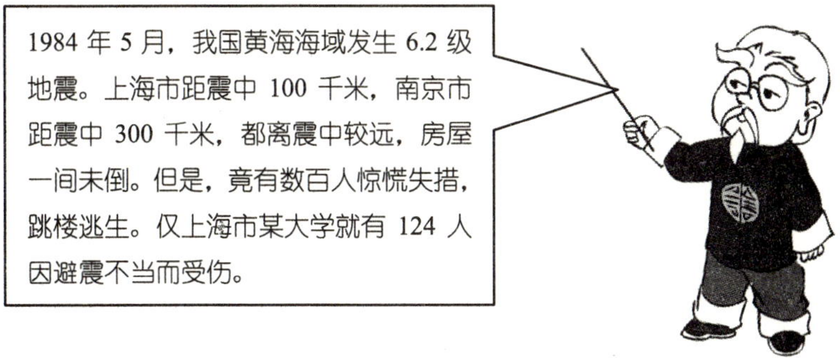

住平房怎么避震?

住楼房怎么避震?

在学校怎么避震?

在户外怎么避震?

第八讲

地震来了，怎么办？

在家中怎样避震

地震时，点点如愿以偿地躲进了厨房
为了防止房屋垮塌后冰箱门打不开，还是先把冰箱门打开吧！
不行，还是把吃的东西拿在手里踏实！
地震后

（1）在楼房中。

在楼房中遇到地震时应躲在室内易于形成三角空间及小开间的地方。

①立即躲避到结实的桌子或床下，家具旁或墙根、墙角等处。这些地方在房屋倒塌后有可能形成三角空间，可以暂时求得生存，等待救援。

②迅速逃进卫生间、储存室等面积较小的场所，这些小开间的地方相对安全些。

（2）在平房中。

如果屋外场地开阔，发现预警现象较早，可尽快跑到室外避震。

地震发生时，如果在室内，应立即躲到炕沿下、墙根下、桌子下及床下。

若正处在门边、窗边，且窗外无其他危险建筑，可立即逃到院子中间的空地上。

尽量利用身边物品保护住头部，如棉被、枕头等。

特别注意：

（1）千万不能滞留在床上或站在房间中央。

（2）千万不要躲避在阳台、外墙边或窗边等不安全的位置。

（3）千万不要乘坐或躲到电梯里，如果震时在电梯里应尽快离开；若门打不开要抱头蹲下，抓牢墙上的扶手。

（4）千万不要跟随人群向楼下拥挤逃生。

（5）千万不能跳楼，不要到楼梯上去。

（6）不要逃出后又返回取财物。

在学校怎样避震

（1）在教室中。

必须听从老师的指挥，迅速抱头、闭眼，躲在各自的课桌下，不得擅自行动；千万不要慌乱、拥挤外逃，应该等地震过去后，有组织地疏散；如果教室是楼房，千万不要跳楼，不要拥向楼梯。

（2）在操场上。

应原地不动地迅速蹲下，双手保护头部。

（3）在校园的其他地方。

应避开高大的建筑物或危险物，在高大建筑物高度两倍距离外避震，以免房屋倒塌被砸伤。

不要回到教室里去，不要四处跑窜，以免跌倒、摔伤。

在公共场所如何避震

地震时
唉，实在太可惜了，就差最后几分钟这个电影就放完了！
7楼的电影院
大家不要慌张，赶紧找个墙角或是立柱下蹲着！
6楼商场
本来我就有点晕车，现在又闹地震，真是“屋漏偏逢连阴雨”啊！
公交车
地震后
头好晕啊！早知道出门的时候吃点晕车药就好了！

听从现场工作人员的指挥；千万不要慌乱拥挤、涌向出口，要避开人流，防止摔倒；把双手交叉在胸前保护自己，用肩和背承受外部压力；随人流而动，避免被挤到墙壁或栅栏处；解开衣领，保持呼吸畅通。

（1）在影剧院、体育场馆或候车（机）大厅。

应马上蹲下或趴在排椅下、舞台下，尽量避开吊扇、吊灯等悬挂物；震后在工作人员组织下有秩序地分路疏散，不要慌乱、拥挤。

（2）在购物场所。

应在结实的柜台、柱子、墙角等处就地蹲下，用身边物品或双手护住头部；不要站在高而不稳或摆放重物及易碎品的货架边；不要站在灯具、广告牌等悬挂物下面；不要站在玻璃窗、玻璃门旁。

（3）在行驶的公交车中。

①司机立刻停车，并关闭发动机；

②紧紧抓住扶手；

③降低重心，躲在座位附近，并用衣物护住头部；

④地震过后，在司机的指挥下，有秩序地从车门下车，否则容易受伤或被路过的车辆碰伤。

（4）骑自行车时。

①立刻下车，将自行车放倒在地，注意旁边过往车辆；

②蹲下，双手保护住头部就地避震；

③避开高大建筑物，如烟囱、高墙、楼房、广告牌等。

在户外如何避震

要想活命，
远离我们！
变压器
大广告牌
玻璃幕墙
大吊车
立交桥
高烟囱
危墙

我只知道“君子不立危墙之下”，没想到有这么多地方都需要避开啊！

地震啦！
地震啦！
地震啦！
地震啦！
我们还真有默契呢，都不约而同地跑到一个地方来了！
拜托，这附近也只有这里才相对安全些吧！

（1）就近选择开阔地避震：蹲下或趴下，以免摔倒；不要乱跑，避开人多的地方；保护头部；不要随便返回室内。

（2）迅速离开各种高大的危险物，特别是有玻璃幕墙的建筑、过街天桥、立交桥、 高烟囱、水塔等。

（3）避开危险物、高耸或悬挂物，如变压器、电线杆、路灯、广告牌、吊车等。

（4）避开其他危险场所，如狭窄的街道，危旧房屋，危墙、女儿墙、高门脸，雨篷以及砖瓦、木料等物的堆放处；避开河岸边、悬崖边以及陡坡处。

安全避震，姿势很重要

（1）选择坚固的家具旁或墙角蹲下，尽量蜷曲身体，降低身体重心。用身边的物品，如书包、被褥等顶在头上，保护头部和颈部。

（2）闭上眼、嘴，用鼻子呼吸，如有可能，用湿毛巾捂住口、鼻，以防灰土、毒气，避免窒息。

（3）抓住桌腿等身边牢固的物体，以免震时摔倒，或因身体失控移位，暴露在坚实物体外而受伤。

遇上地震引发的火灾怎么办？

遇上地震引发的海啸怎么办？

遇上地震引发的泥石流怎么办？

遇上地震引发的毒气泄漏怎么办？

……

第九讲

遇到地震次生灾害怎么办？

一般情况下，地震是直接对地表、各类工程结构等进行破坏，从而引发人员伤亡与经济损失，我们称这种破坏为“原生灾害”，如对桥梁、公路、铁路等的破坏。地震有时还会引起火灾、水灾、毒气泄漏与扩散、爆炸、放射性污染、海啸、滑坡、泥石流等灾害，我们称之为“次生灾害”。地震对人类造成的“次生灾害”有时比“原生灾害”本身还要大。

地震引发火灾

川川，地震停了之后，我们从窗子逃生；小白、点点，你们披着厚的湿衣服从楼道撤离。
我害怕，我有恐高症！
你别往下看，抓牢床单慢慢往下滑就行了！
救命啊，我的手脚不听使唤了！
川川怎么还不下来啊，他抱着床单有半个小时了！

地震引发火灾的原因很多，如地震时地面运动引起化学药品容器破碎，不同药品混合起火；易燃品容器倾倒或破裂，输气管道破裂，溢出的易燃液体或气体着火；输电线路短路燃烧；民用或工业用炉倾倒引燃附近物品等。

地震的时候发生火灾，应趴在地上，用湿毛巾捂住口、鼻，地震停止后向安全地方转移，并设法隔断火源。

（1）若火势较小，应用水浸湿衣服、毛巾被等物品披在身上逃出火场。

（2）身处楼层不高时可用床单等结成绳，或顺着排水管道逃出着火的楼层。

（3）若困在楼内无法逃出时，应躲藏在没有发生火灾的室内，紧闭门窗，并用湿床单等塞住门窗缝隙，避免火势蔓延到室内。

地震引发海啸

好多海鲜呐，今天真是捡大便宜了！
慢着！刚才我们在山上感觉到了地震，现在海滩上的鱼虾估计是海啸的第一波巨浪带来的，后面还会有更大的浪，咱们赶紧向高地撤离！
螃蟹兄，有什么账咱们改天再算，现在我们正逃命呢！
我今天就让你领教领教我们虾兵蟹将的厉害，看你以后还敢不敢欺负我们小个子！

海底发生地震时，海底地层发生断裂，使得部分地层出现瞬间的上升或下降，由此造成从海底到海面的整个水层发生剧烈的“抖动”，这种抖动在浅海、海滨会掀起巨浪，这种巨浪以摧枯拉朽之势，越过海岸线，越过田野，迅猛地袭击着岸边的城市、村庄和港口设施。

（1）当你感觉到强烈的地面振动后，要远离海岸和江河的入海口。

（2）海啸会表现为一系列的水波，间隔15分钟到1小时以上，第三波到第八波最大。一般情况下，第一波类似巨浪，袭上岸后会留下许多海鱼，场面壮观。因此，看见这种情况应赶紧离开海岸，向地势较高的地区撤离。

（3）如果不慎落水，应尽可能寻找漂浮物，采取仰卧位，尽量减少动作，能浮于水面即可。

（4）如果水温很低，不可脱衣，以防体温迅速散失。

（5）不要饮用海水，海水不但不解渴，反而能使人出现幻觉，神经失常甚至死亡。

（6）救起落水者后应将其放在救护者屈膝的大腿上，清除其口鼻内杂物，按压背部，将水挤出；将其放在40度左右的温水中，帮助其恢复体温；给落水者喝热糖水，增加其热量。

（7）如果落水者被救起后停止呼吸，应做人工呼吸；如果心跳停止，则应该将人工呼吸与胸外心脏按压同时进行，直到溺水者自主呼吸，心脏功能恢复正常。

地震引发其他次生灾害

不要顺着泥石流的方向跑，要垂直于它的方向跑！
小子，你也太狂了，胆敢跟我比速度！
佛祖、观音、真主、上帝，求你们一定要保佑我！
风向
惹不起你我还躲不起么？等我绕到了上风方向你就只能干瞪眼了！

（1）地震引发山崩、滑坡、泥石流。

在山势陡峭、山体岩石松散的地区，地震所引起的山崩、滑坡、泥石流等灾害也会造成巨大的人员伤亡和财产损失。

遇到山崩、滑坡，要向垂直于滚石前进的方向跑，切不可顺着滚石方向往山下跑；也可躲在结实的障碍物下，或蹲在沟坎下，注意保护好头部。

1976年8月16日和23日发生在四川松潘—平武间的两次7.2级地震引发巨大的泥石流，松潘、平武、南坪、文县等县惨遭破坏。2008年汶川8.0级特大地震所造成的滑坡顿时使山川变色，将许多道路、房屋掩埋、冲毁。

（2）地震引发毒气泄漏。

强烈的地震会对工厂的设备造成一定程度的损坏，使存放有毒气体的容器破裂从而引发毒气泄漏；或是地震引起的大火引燃化工原料然后释放出有毒气体，从而危及人身安全。遇到有毒气体泄露，不要顺着风向跑，而应该赶紧用湿毛巾捂住口鼻，绕到毒气的上风方向。

1978年1月14日日本伊豆大岛近海地震，使位于东京西南160千米处的矿业公司的一个蓄水坝开裂，被氰化物污染的泥水排入附近的河道，致使近10万条鱼中毒死亡。

（3）地震引发水灾。

地震后山体崩塌滑坡堵塞河道，形成“地震湖”，即“堰塞湖”，使上游一些地区被水淹没。一旦堰塞湖溃坝，下游会遭受到严重的水灾。此外，地震导致河堤、水库大坝遭到破坏，也会使下游遭到水灾。如果江河湖海涨水，要向高处跑；迅速离开桥面。如果上游形成堰塞湖，要听从指挥进行疏散撤离。

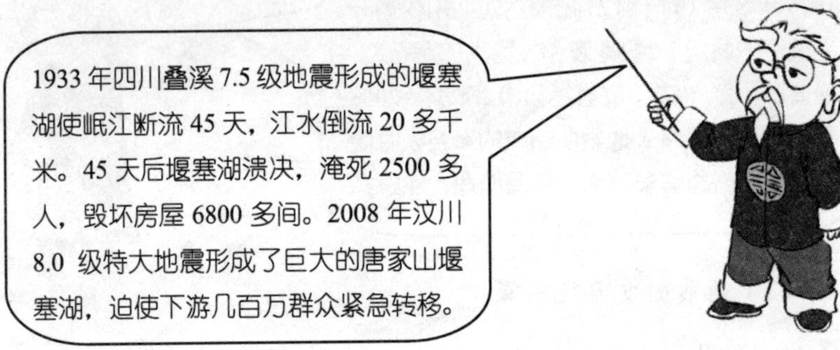

在救援人员到来之前，我们该如何拯救自己?

如何在废墟中寻找被困人员?

发现他人埋压，我们该怎么营救?

救出被困人员后，我们该怎么保护他们?

……

第十讲

地震救援

地震后如果被困怎么办

先把手解放出来
挪开胸前和脸边的杂物，保持呼吸通畅
敲击身边的金属管道求救
救援人员一定会把我救出去的。
支撑自己的生存空间
尿液无毒，实在没有水的情况下可以用来救命
尿液

如果震后被埋压在废墟下不能自行脱险，一定要沉住气，要千方百计保护自己：

（1）先试着把双手从压埋物中抽出来，敲击身边能发出声音的物品，如金属管道、暖气管等，利用其发出的声音进行求救。

（2）保持呼吸畅通，尽量挪开脸前、胸前的杂物，清除口、鼻附近的灰土；设法避开身体上方不结实的倒塌物、悬挂物及其他会造成危害的物品。

（3）保护并扩大生存空间，搬开身边可搬动的杂物，扩大活动范围；设法用砖石、木棍等支撑残垣断壁，以防余震时进一步被埋压。

（4）不要随便动用室内设施，包括电源、水源等；也不要使用明火，因为空气中可能充满了易燃气体；闻到煤气及有毒异味或灰尘太大时，设法用湿衣物捂住口、鼻。

（5）如果暂时无法得救，要坚定信念，相信救援人员一定能找到自己，自己一定能活下去。

（6）不要大哭大叫、坐立不安，应尽量休息，保存体力。

（7）寻找食物和水，维持生命，若无法找到水，可以用自己的尿液应急；如果受伤，应设法自己包扎，多休息。

（8）利用身边的衣物保护好头、颈部，保护自己不受新的伤害。

救人的原则

我是李医生，快救我！
雯雯，我是小白，快来救我！
你先坚持一会儿，我救了这边的人再去救你！
雯雯不喜欢我了，一定是因为昨天下午放学我没有在路口接她而生气了。

时间就是生命，震后救人，首先要做到快捷，使救人的队伍迅速壮大，让更多的人获救。因此，在救人时应遵循以下原则：

（1）先救近处的人。不论是家人、邻居，还是萍水相逢的路人，只要近处有人被埋压，就要先救他们。如果舍近求远，往往会错过救人良机，造成不应有的损失。

（2）先救容易救的人。这样可加快救人速度，尽快扩大救人队伍。

（3）先救青壮年和医务人员。这样可使他们迅速在救灾中发挥作用。

（4）先救“生”，后救“人”。也就是先设法保住其性命，然后再设法帮助其脱险。

还有就是“先救多，再救少”，也就是先救人多的地方，如医院、学校、宾馆、招待所等人员密集的地方。

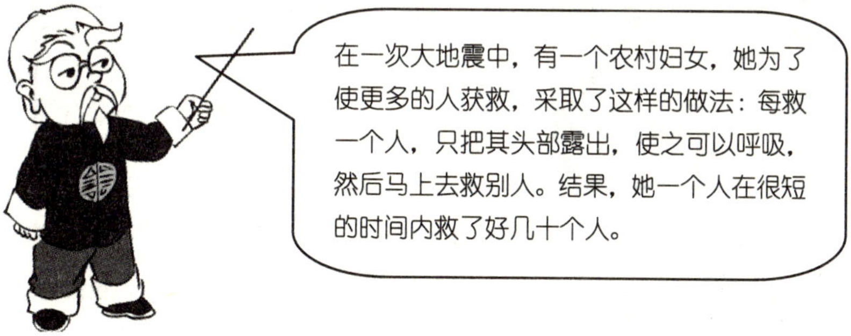

如何寻找被困人员

你的点点最有可能被困在哪里？
我的卧室或是厨房。
志愿者
问
看
听
猪毛
探
点点，你在哪儿啊？你还好么？
川川，我在你卧室呢！刚开始还能去厨房，现在门被堵住了，我快饿死了。
喊

很多情况下，我们没有专业仪器和搜救犬的帮助，只能依靠一些简单的方法寻找被困人员，有人总结出“问”、“听”、“看”、“探”、“喊”的有效方法。

“问”，就是向知情的生存者询问。了解什么人住在哪些建筑物内，地震的时候是否外出等，从而了解哪些房屋内可能有较多的受困、受伤人员，了解伤员的可能位置和建筑物的格局情况。

“看”，就是仔细观察。观察废墟中有没有人爬动的痕迹或血迹，观察有人的居住空间是否完全密闭，有无幸存者、半露的衣服或其他迹象，特别应注意门道、屋角、房前、床下和一些容易形成三角空间的地方。

“听”，就是要细心倾听有无被困人员的动静。可以趴在地上或靠墙贴耳倾听，也可以利用夜间安静时听；可以一边敲打一边听，也可以一边用手电筒照一边听。特别要注意一些轻微的呻吟声或微弱的敲击瓦片的声音。

“探”，就是进入废墟实地探察。在废墟空隙，或者排除障碍后可以钻进去的地方寻找被困人员。这时要注意有无爬动的痕迹及血迹，以便寻找已经精疲力竭的受困者。

“喊”，就是大声呼唤。可以让知情者和受困人员亲属呼喊受困者姓名，细听有无应答之声。

通过以上五种方法找到了伤员位置后，再根据情况采取适当的救援方法实施救援。

如何正确营救被困人员

那些支撑的东西都不能挪，只能在墙上打个洞把它拉出来，那就要等救援队员的专业工具了。
点点来，先喝点水！你再坚持一会，救援队员来了你就能获救了。
川川，那你先回去吧，去把吃的东西准备好！
救援队员
咔！
咔！
咔！
咔！

由于废墟中被困人员身体状况和废墟的结构等都很复杂，营救被困人员时，为了提高营救效率，也为了避免因盲目图快而使被困者受到进一步伤害，营救要讲究方式方法，依据不同的情况采取相应的措施。

（1）营救时要特别注意分清哪些是支撑物，哪些是一般的埋压物，不可破坏原有的支撑条件，以免新的塌落物给被埋者造成新的伤害。

（2）当接近被埋者时，应停止用工具刨挖，应该带上防护手套用手进行扒挖和清理。

（3）营救过程中应先将被埋压者头部露出来，清除口、鼻内的尘土，使其呼吸通畅，再使其胸腹部和身体其他部分露出。

（4）营救过程中如果灰尘太大，可喷水降尘，以免被救者和救人者窒息。

（5）对于不能自行出来者，应当弄清肢体的被压状况，再继续扒救，使其尽量暴露全身再抬救出来，不可强拉硬拖。

（6）对于暂时不能救出者，可先将水、食品或药物等递给被埋压者使用，以增强其生命力。

如何保护被救出者

点——
点——
川——
川——
被困两天后，点点被救出
不要啊，你不能太激动！
糟糕，判断失误，跳得太早！
早跟你说过不能太激动吧！
乖！医生说了，你饿了两天，现在还不能吃太多东西，待会给你煮南瓜粥喝。
这两天可把我饿坏了，你看，我现在瘦得都能看见自己的脚了！我待会要大吃一顿！

对于在黑暗、窒息、饥渴状态下埋压过久的人，救出后应给予必要的护理。

（1）蒙上被救人员的眼睛，使其避免强光的刺激。

（2）不可使其突然接受大量新鲜空气；不可一下子进食过多，以免肠胃受损。

（3）避免被救人情绪过于激动，以免精神受到刺激而危害健康。

（4）对于受伤者，要就地做相应的应急处理，然后将其送往医疗点或医院进行治疗。

（5）对救出的重伤员，应送往医疗点救治。

（6）对骨折伤员、危重伤病员，运送过程中应有相应的护理措施。如腰椎受伤者，应让他躺在硬板上抬送。

地震之后，医疗救助人员不能在短时间内到达灾害现场，而这段时间对于受伤人员救护最为关键。现场救护分为心肺复苏和创伤急救两步，也就是先进行心肺复苏，把人救活，然后再进行创伤救治。创伤的现场急救又包括止血、包扎、固定、搬运。

第十一讲

地震现场救护

心肺复苏

判断被救人员有没有意识，成人应该拍肩膀，儿童拍脚底，点点到底应该拍哪里呢？
这样吧，川川你拍点点的肩膀，小白拍脚底。
啪！
啪！
拍！
啪！
我是让你拍点点的脚底，没让你拍自己的脚底！

人的呼吸心跳一旦停止，30 秒内就将昏迷，6 分钟后脑细胞开始死亡，然后就是脑死亡，也就是医学上定义的“死亡”。心肺复苏分为判断意识，呼救，摆成仰卧位，打开气道，检查呼吸，口对口吹气，心脏按压，检查脉搏八大步骤。

（1）判断有无意识：大声呼唤，拍打肩膀，观察有无反应；婴儿应拍打足底。

（2）呼救：意识丧失说明情况危险，必须立即呼救，寻求他人帮助，拨打急救电话，告知他人正在进行急救。

（3）摆成仰卧位：正确的反转方式为一手托住其后颈部，一手托住其腋下，使其头颈躯干整体翻成仰卧位。

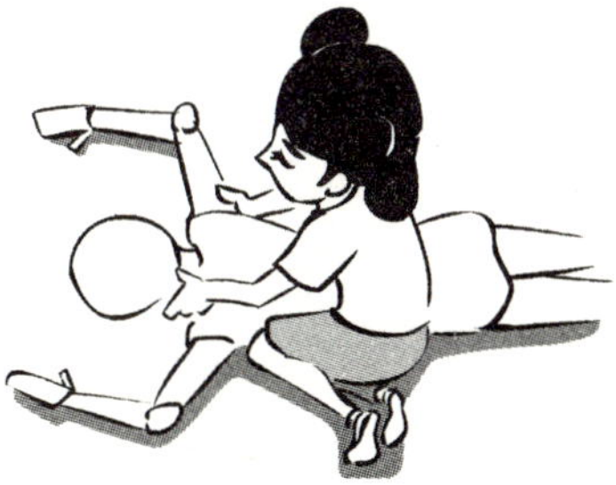

把伤员摆成仰卧位

（4）打开气道：意识丧失的被埋压者舌肌松弛、头部前倾容易造成咽喉部气道堵塞，因此需要尽快将其下巴抬起，打开气道。

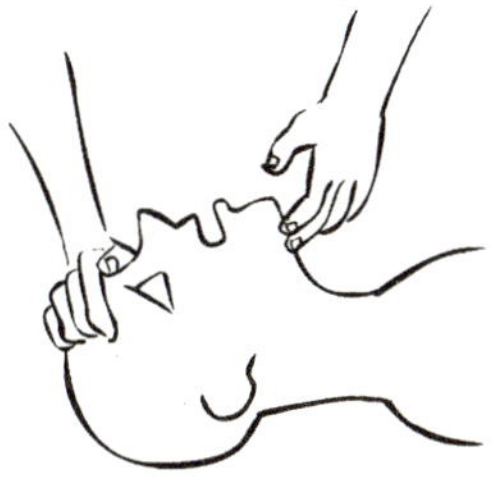

打开气道

（5）检查呼吸：检查呼吸时，一是听有无呼吸声，二是观察胸廓有无起伏，三是感觉有无呼吸气流。一旦判断被救助者没有自主呼吸，应首先确认被救人员口腔内是否有异物填塞，如果没有异物，应立即实行人工呼吸，即口对口（鼻）吹气。

如果有异物，应先解开其领口、领带、围巾等，然后用拇指和其他手指捏住舌头，再用另一只手指抠出舌根处的泥土、痰、鼻涕、呕吐物等至口腔，然后再进行清除，之后再进行口对口人工呼吸。

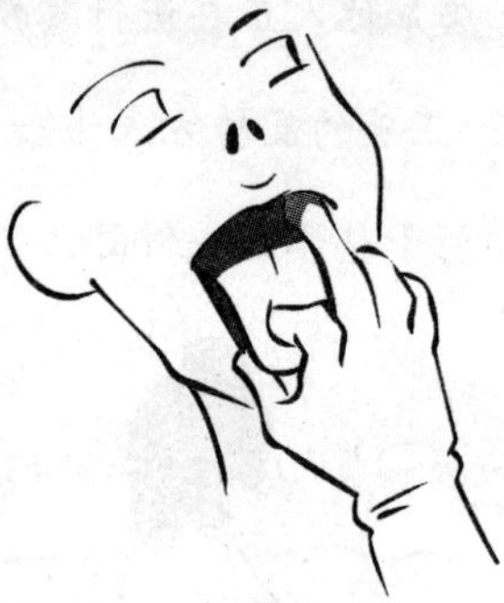

如果伤员口中有异物，应先清除异物

（6）口对口人工呼吸的具体做法是：

①抬起被救人员的下巴，捏紧其鼻孔；

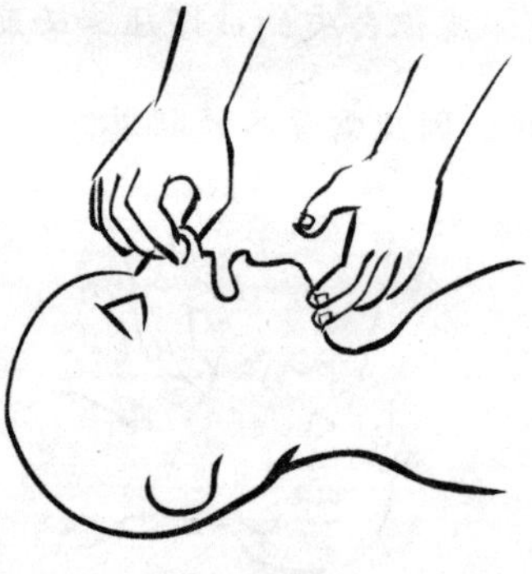

捏住鼻子

②深吸一口气;

深吸一口气

③立即张大口包紧被救人员的口唇，将气体缓缓吹入。

立即将气体吹入伤员口中

每5秒钟吹一次，每次吹气1~1.5秒，吹气量700~1100毫升左右。吹气时，被救人员胸部隆起即可，避免过度通气。

对婴儿用口对口鼻吹气，即用嘴将婴儿的口鼻同时包严后吹气。

（7）心脏按压。

①确定按压部位：正确的按压部位是胸骨的中1/3与下1/3段的交界处。

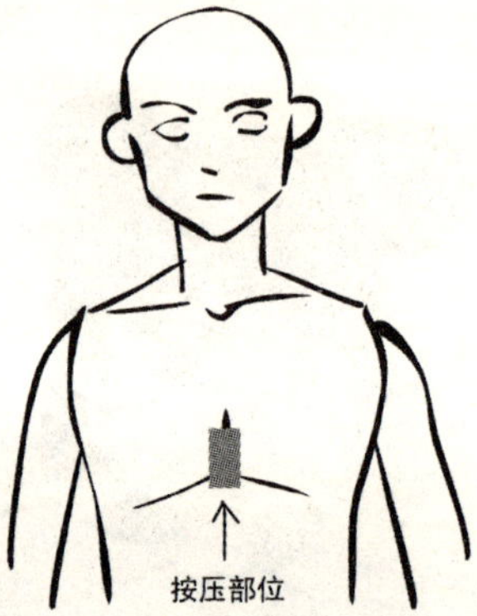

确定按压部位

②救护员双手掌根同向重叠，十指相扣，掌心翘起，手指离开胸壁，双臂伸直，上半身前倾，以髋关节为支点，垂直向下、用力、有节奏地按压30次，时间约为18秒。

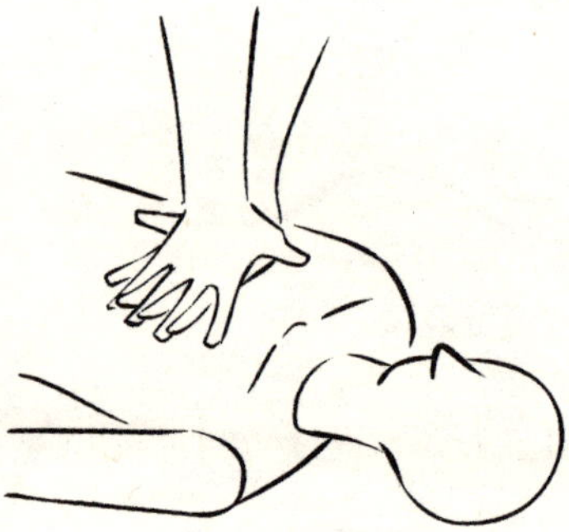

十指相扣，掌心翘起

以髋关节为支点进行按压

③按压与放松的时间相等，下压深度4~5厘米，放松时保证胸壁完全复位，按压频率100次/分钟。如果被救人员为儿童，用单手按压，婴儿用中指和无名指按压。

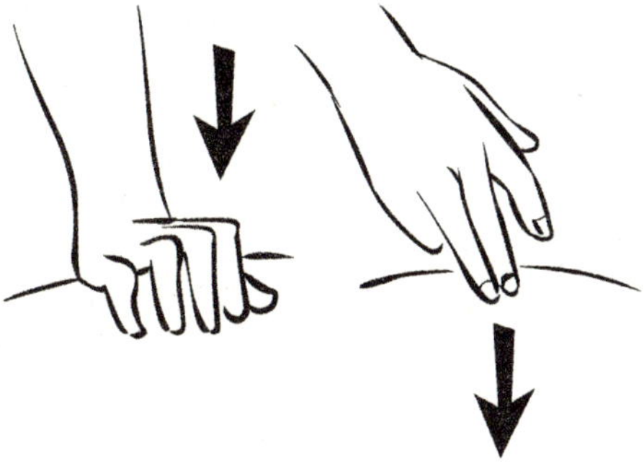

儿童用单手按压，婴儿用中指和无名指按压

心脏按压与口对口人工呼吸要交替进行，成人每做 30 次心脏按压，吹两口气；儿童每按 20 次吹两口气。做 5 个循环后可以观察一下被救人员的呼吸和脉搏。

心脏按压和口对口人工呼吸交替进行

（8）检查脉搏：抢救时触摸颈动脉 5 ~ 10 秒，如果有搏动，说明心脏在跳动。被救者为成人和儿童时，触摸颈动脉；为婴儿时，触摸腋下的肱动脉。

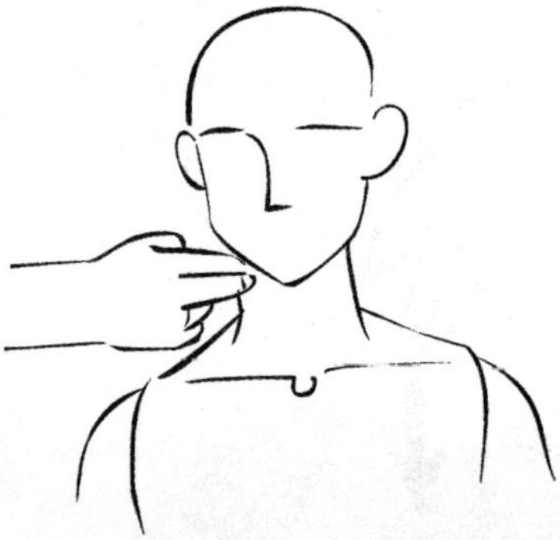

成人触摸颈动脉检查脉搏

儿童触摸腋下的肱动脉检查脉搏

心肺复苏有效的特征：面色由紫转红，脉搏、呼吸恢复，瞳孔由大变小，眼球活动，手脚抽搐，开始呻吟。

当伤员已经恢复自主呼吸和心跳，或有专业人员赶到接替抢救，或是医务人员确定伤者已经死亡时，心肺复苏可以终止。

如果昏迷的被救人员有了呼吸脉搏，应把他翻成侧卧位，以防止口腔内的分泌物或呕吐物堵塞气道。具体步骤为：

① 救护人员位于被救人员一侧，将靠近自身的被救人员的手臂肘关节屈曲成90°，放在其头部侧方。

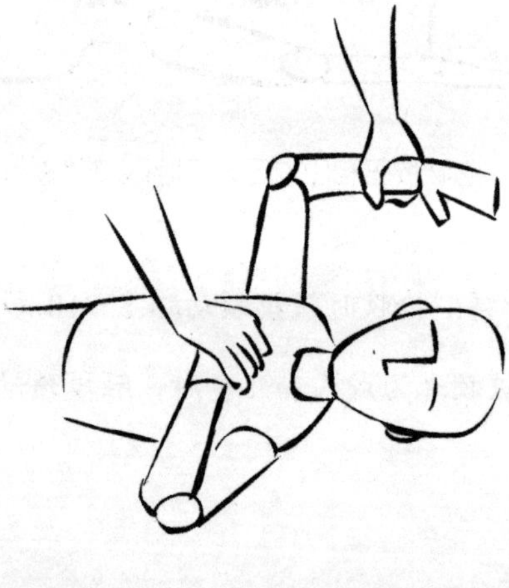

② 将被救人员的另一手肘部弯曲放在胸前。

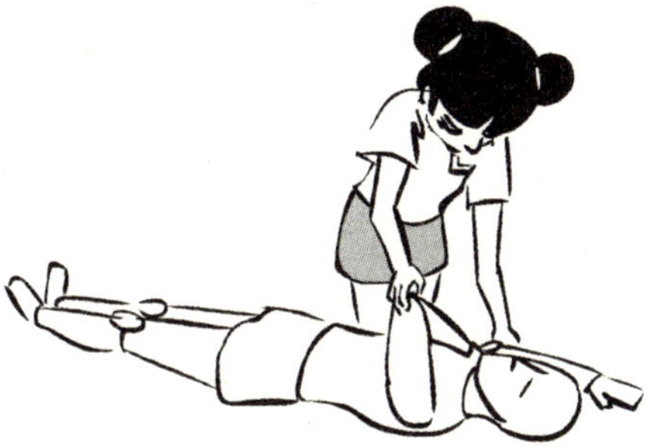

③ 将被救人员远离救护人员一侧的下肢屈曲，救护人员一手抓住被救人员的膝部，另一手扶住他的肩部，轻轻将他翻转成侧卧姿势。

④ 将被救人员放在胸前的手掌心向下，枕在面颊的下方。

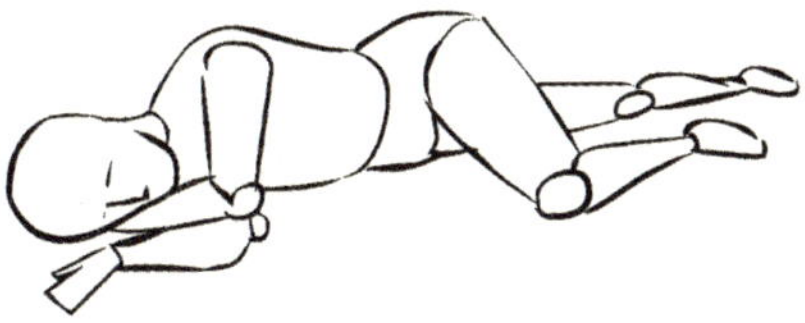

止血

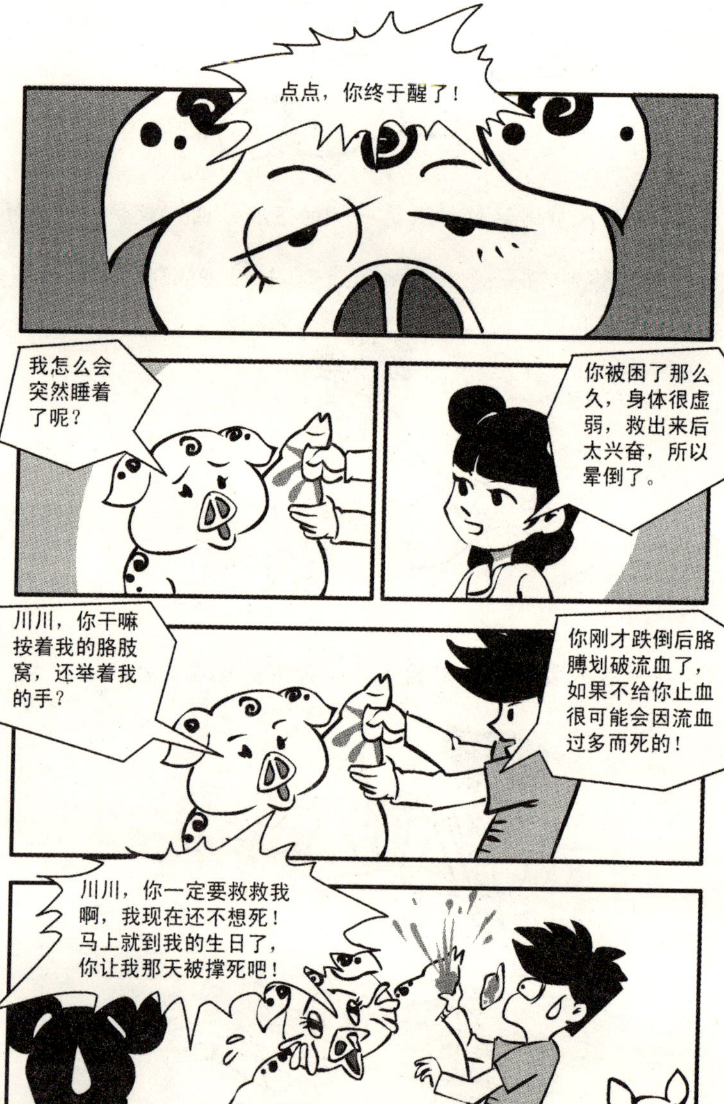
点点，你终于醒了！
我怎么会突然睡着了呢？
你被困了那么久，身体很虚弱，救出来后太兴奋，所以晕倒了。
川川，你干嘛按着我的胳肢窝，还举着我的手？
你刚才跌倒后胳膊划破流血了，如果不给你止血很可能会因流血过多而死的！
川川，你一定要救救我啊，我现在还不想死！马上就到我的生日了，你让我那天被撑死吧！

止血主要针对的是严重出血的受伤人员，伤口较小的出血在一般情况下会很快自行止血。发现伤者严重出血要立即紧急止血，避免大出血引起休克、死亡。简单易行的止血方法主要有指压止血法和加压包扎止血法。如果发现伤口有大出血的情况，按照下面的步骤通常都会有很好的止血效果：抬高流血的部位—挤压相关的大动脉—合拢伤口边缘—直接用绷带加压包扎。

指压止血法又分为直接压迫止血和间接压迫止血。

直接压迫止血是用清洁的敷料盖在出血部位上，主要适用于处理较小伤口的出血。

间接压迫止血是用手指压迫伤口靠近心脏一端的动脉，阻断动脉的血液流通，从而有效达到快速止血的目的。

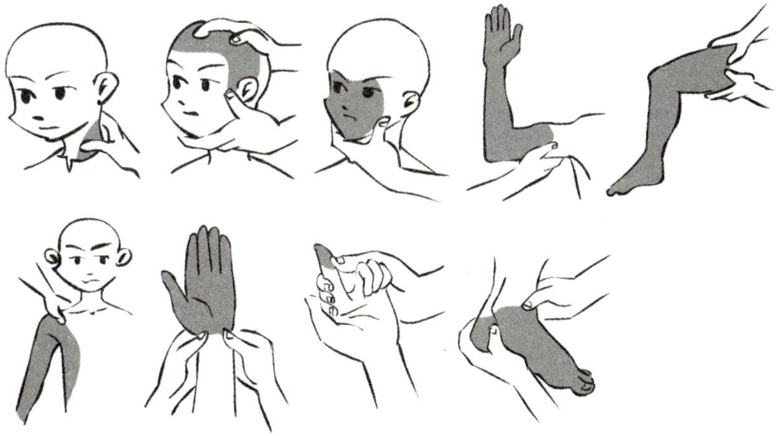

间接压迫止血法的按压部位和止血部位

间接压迫止血法往往会配合直接压迫止血法和加压包扎止血法一起使用。

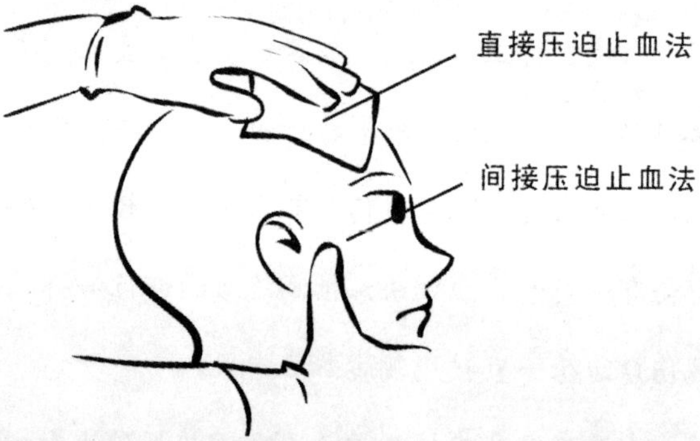

直接压迫止血法和间接压迫止血法的结合使用

加压包扎止血法是用敷料或其他洁净的毛巾、手绢、三角巾等覆盖伤口，加压包扎达到止血目的，主要适用于小动脉、静脉和毛细血管出血的止血。

加压包扎止血法

包扎

点点，来喝南瓜粥。你要是不喜欢，就把眼睛闭上，把它想象成你最喜欢吃的西瓜。
川川，能帮我包扎得漂亮点吗？比如说蝴蝶结形状，待会估计会有很多朋友要来看望我。
哪有那样的包扎法嘛！
你伤在胳膊肘，我用的是“8”字形包扎法，包扎出来肯定会很好看的，放心吧！

简易包扎重点是要处理好开放性伤口和紧急止血。这对减少感染，避免大出血，有效降低伤者死亡率至关重要。可以选用绷带、三角巾作为包扎材料，也可以就地取材，如干净的手帕或其他纺织品。如果伤口中嵌入异物，不要拔出，应固定好后再实行包扎，以免造成大出血。有条件的还要对伤口进行灭菌消毒，不要使伤口感染。

（1）环形包扎法，在肢体某一部位环绕数周，每一周重叠盖住前一周。常用于手、腕、足、颈、额等处以及在包扎的开始和末端固定时用。

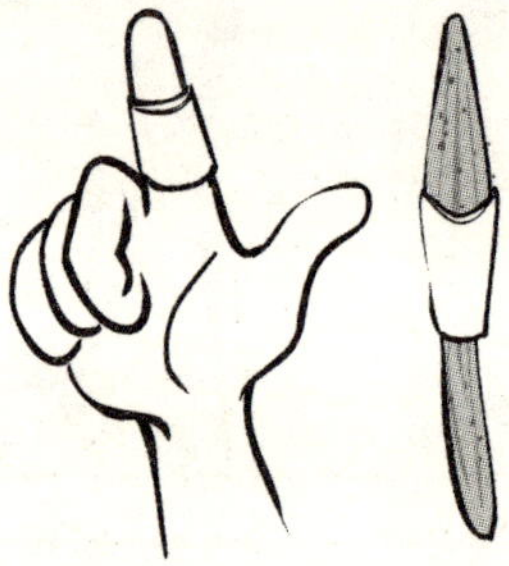

环形包扎法主要用于上下一般粗部位的包扎

（2）“8”字形包扎法，也同样适用于手、肩、肘、膝关节、踝、髋等关节的包扎。

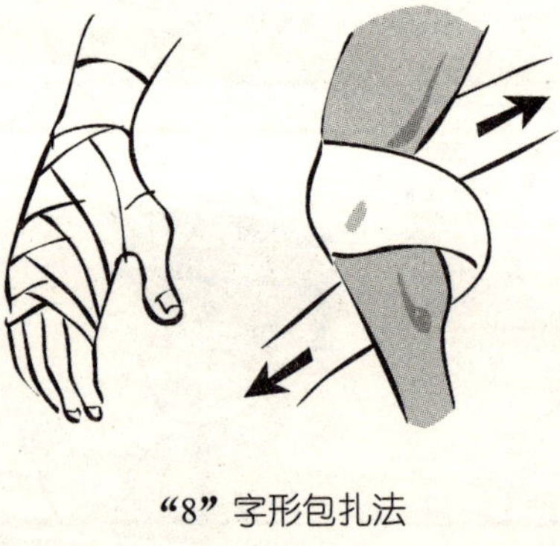

“8”字形包扎法

（3）螺旋包扎法，包扎时，作单纯螺旋上升，每一周压盖前一周的 1/2，适用于上下粗细不等四肢部位的包扎，如前臂、小腿。

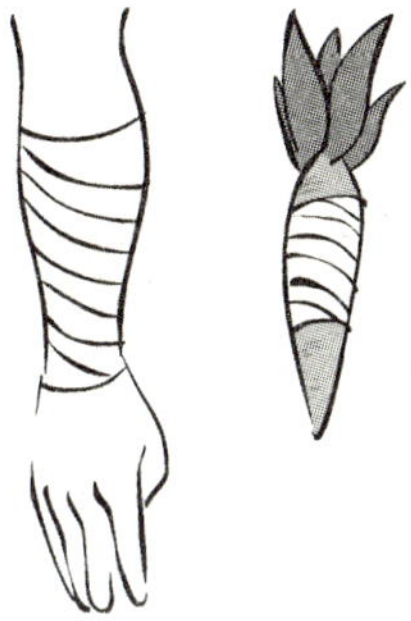

螺旋包扎法主要用于上下粗细不等部位的包扎

（4）手（足）部包扎，适用于手或足有外伤的伤员，包扎时一定要将指（趾）头分开。

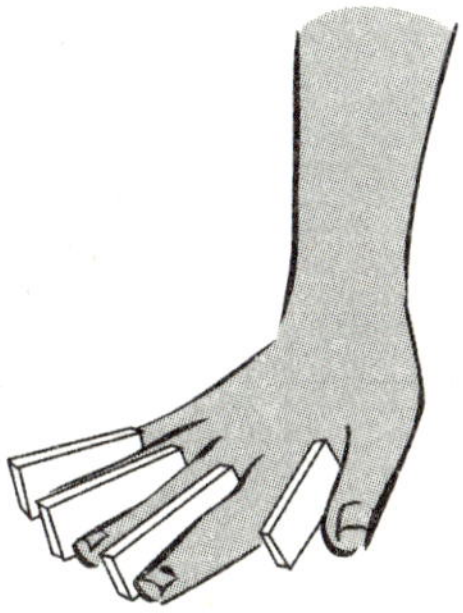

手足部位的包扎应将受伤的指（趾）头分开

包扎时，伤口边缘应尽量合拢，尽可能使用清洁的敷料覆盖伤口。如果用绷带固定敷料，在伤口处的绷带外面应加一个用纱布或毛巾折成的垫子，以实现局部压迫止血。包扎结束后，应将受伤部位抬高，每 15 分钟将固定的木板松开一次，否则会发生肢体坏死，导致截肢。

固定

这木板长短倒挺合适的，不过看起来怎么那么眼熟呢？
我实在是找不到合适的木板，就把小白的小木屋给拆了……
看来我今天要露宿街头，成为一只流浪狗了！
过几天我给你盖个更漂亮的房子，这几天就委屈你和点点挤一挤吧！

若被救人员伤处疼痛剧烈，局部肿胀明显，有严重的皮下瘀血、青紫，出现外观畸形，这时应考虑有骨折的可能。当被救人员出现骨折状况时，就需要进行现场固定。除非现场有紧急的危险，如房屋倒塌、燃气爆炸等危及被救人员生命的情况，否则，在确定排除骨折或者固定伤口之前，都不应该去轻易移动伤员。

骨折固定可防止骨折端移动，减轻伤病员的痛苦，也可以有效地防止骨折端损伤血管、神经和减轻疼痛，以便于搬运。

用夹板固定骨折是最简单有效的方法，也便于就地取材，如小木板条、书本、木棒、竹片、手杖、树枝、硬纸板等。

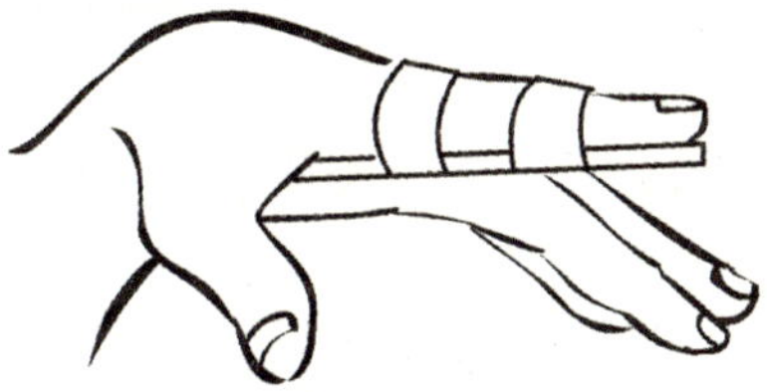

手指骨折的固定

上夹板前，可用棉花、软物垫好；绑扎时，骨折部位上下两个关节都须同时固定，才能限制骨折处的活动。

四肢固定要露出指（趾）尖，以便随时观察末梢血液循环。如果指（趾）尖苍白、发凉、发麻或发紫，说明固定太紧，要松开重新调整固定压力。

上肢骨折固定时要将肘部弯曲，绑好后用带子悬吊于颈部；下肢骨折要将肢体伸直，可以固定在没有受伤的肢体上。

小臂骨折的固定

肘部骨折的固定

大臂骨折的固定

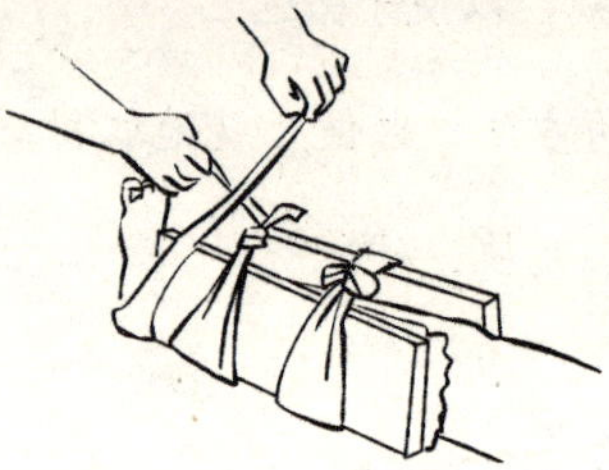

小腿骨折的固定

小腿骨折可以固定在没有受伤的小腿上

大腿骨折的固定

颈椎骨折时的固定步骤为：

（1）使伤者的头颈与躯干保持直线位置。

（2）用棉布、衣物等将伤者颈、头两侧垫好，防止左右摆动。

（3）用木板放置头至臀下，然后用绷带或布带将额部、肩和上胸、臀固定于木板上，使之稳固。

徒手搬运

估计后面还会有余震，咱们得赶紧离开这里。
雯雯，我能不能……给你……提点意见？
看在你今天给我固定小腿，又背我的份上，有什么意见你就尽管说吧！
等你腿好之后，你能不能去跑跑步或是跳跳绳，你的体重……好像……不太轻……
我的身材一直都很好，是你自己需要练练腿上的力量了！

由于震后的条件比较恶劣，大批救援人员和医疗设备难以迅速到达，而此时的互救必须一刻不停地进行，因此徒手搬运是地震救援中最为常用的伤员运送方法。根据现场环境和当时救护人员的数量，以及伤员的伤势，现场徒手搬运又有几种不同情况。

（1）只有一位救护者时的徒手搬运。

如果不是必须，千万不要移动伤员。环视逃生路线，以决定搬运伤员的最好方法和路线。如果只有你一个人，并且必须快速转移伤员，应视不同情况，分别采用扶行、背负、爬行等徒手搬运方式。

①扶行法适宜清醒伤员。对于没有骨折，伤势不重，能自己行走的伤员，救护者站在身旁，将其一侧上肢绕过救护者颈部，用手抓住伤员的手，另一只手绕到伤员背后，搀扶行走。

②背负法适用于老幼、体轻、清醒的伤员。救护者背向伤员蹲下，让伤员将双臂从救护员肩上伸到胸前，两手紧握。救护者抓住伤员的大腿，慢慢站起来。如有上、下肢或脊柱骨折不能用此法。

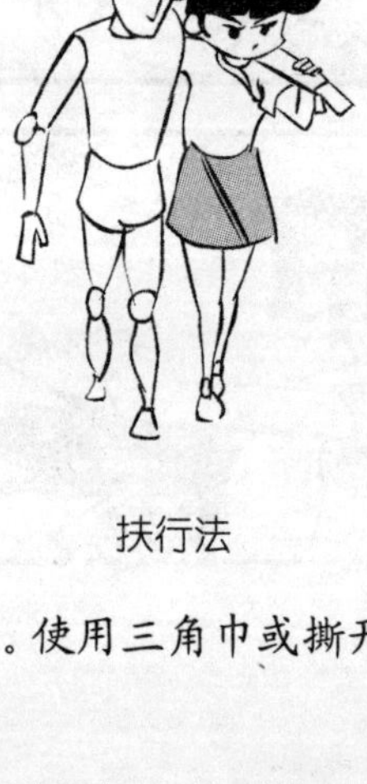
扶行法

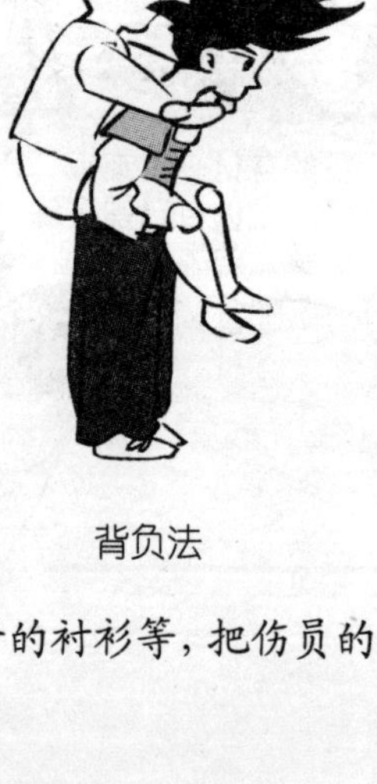
背负法

③爬行法。使用三角巾或撕开的衬衫等，把伤员的手扎在一起，

把扎着的手套在救护者的脖子上。用这种方法救护者可以挪动比自身重很多的人。爬行法适用于清醒或昏迷伤员，在狭窄空间或浓烟的环境下可用此法。

④抱持法适用于年幼伤员、没有骨折的体轻者、伤势不重的伤员，是短距离搬运的最佳方法。救护者蹲在伤员的一侧，面向伤员，一只手放在伤员的大腿下，另一只手绕到伤员的背后，然后轻轻抱起伤员。如有脊柱或大腿骨折，禁用此法。

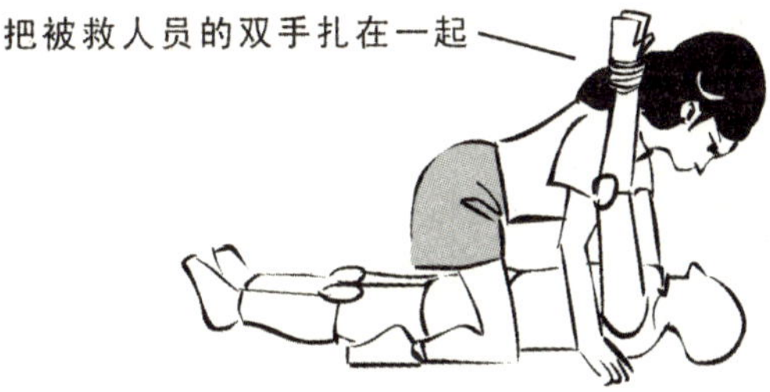

爬行法

抱持法

⑤拖行法。这种搬运方法适合拖行仰卧的伤员，或者是处于坐姿的伤员。救护者轻轻地把双手插到伤员的腋下，分别抓住两边的衣服，将伤员的头支撑在救护者的前臂间。将伤员向后拖行到最近的安全地方。要注意，在拖曳他们的衣服时，千万不要使他们窒息。

⑥拖毯法。对于可以采用拖行法移动的伤员，如果有毯子，救护者也可以将伤员移动到毯子上进行拖拉。

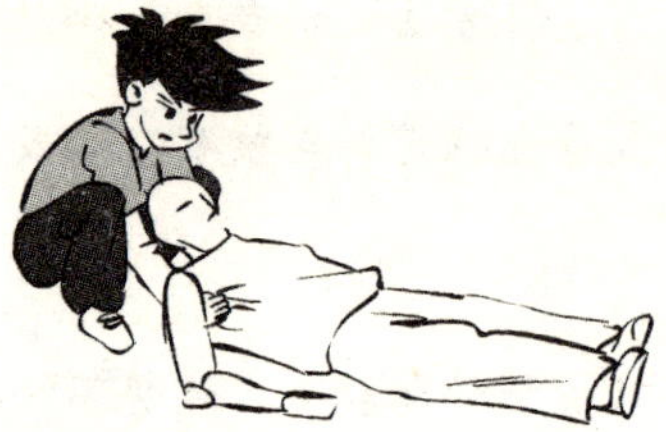

拖行法

拖毯法

（2）有两位救护者时的徒手搬运。

如果有两个人搬运，可视伤员和当时环境状况，采用轿杠式、双人拉车式等徒手搬运方式。

①轿杠式，又叫“四手坐抬法”，适用于清醒伤员。两名救护者面对面各自用右手握住自己的左手腕，再用左手握住对方右手腕，然后，蹲下让伤员将两上肢分别放到两名救护者的颈后，再坐到相互握紧的手上。两名救护者同时站起，行走时同时迈出外侧的腿，保持步调一致。

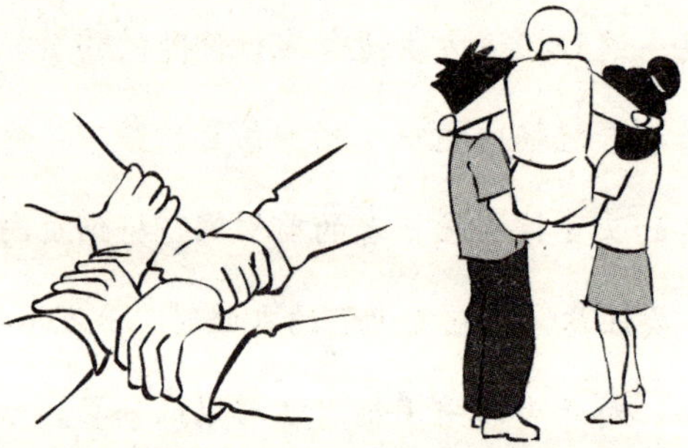

四手坐抬法，适用于搬运意识清醒的伤员

②双人拉车式，适用于意识不清的伤员。两名救护者，一人站在伤员的背后，将两手从伤员腋下插入，把伤员两前臂交叉于胸前，再

抓住伤员的手腕，把伤员抱在怀里，另一人反身站在伤员两腿中间，将伤员两腿抬起，两名救护者一前一后地行走。

③座椅搬运法，可以用于搬运有意识或者无意识的伤员，但是不能用于头部或脊柱受伤的伤员。为了保护伤员，要将伤员的手固定放置在他的胸前，如果伤员无意识，那么要将伤员固定在椅子上。

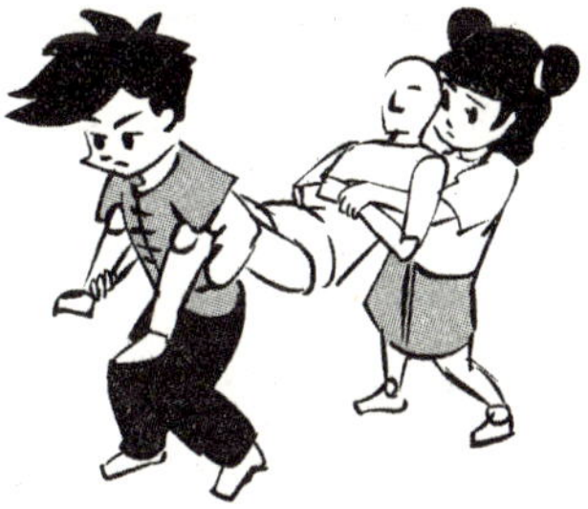

双人拉车式

座椅搬运法

④双手坐抬法：当伤员意识清醒，但不能行走或支撑上身时，采用这种搬运方法。两位救护者将双手的十指向手掌内弯成钩状，并互相钩住对方的手指。如果没有准备手套，请用一块布包裹双手，以保护双手不被对方的指甲抓伤。这是救援中佩戴手套的又一个原因。

双手坐抬法，适用于搬运意识清醒的伤员

（3）有三位以上救护者时的徒手搬运。

如果有三人以上参与救援，可视伤员和当时环境状况，采用同侧或异侧搬运等徒手搬运方式。三人或四人同侧搬运适用于脊柱骨折的伤员。

三人异侧运送时，应由两名救护者站在伤员的一侧，分别在肩、腰、臀部、膝部，第三名救护者可站在对面，两臂伸向伤员臀下，握住对方救护员的手腕。三名救护员同时单膝跪地，分别抱住伤员肩、后背、臀、膝部，然后同时站立抬起伤员。

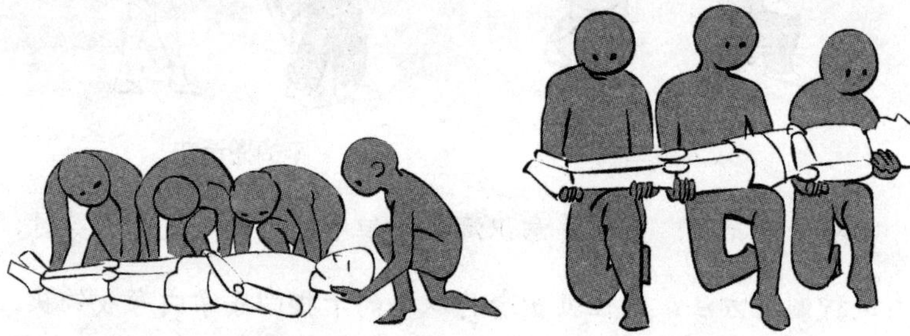

多人徒手搬运法，应注意动作的一致性

四人异侧运送时，一般是由三名救护者站在伤员的一侧，分别在头、腰、膝部，第四名救护者位于伤员的另一侧头部。四名救护者同时单膝跪地，分别抱住伤员颈、肩、后背、臀、膝部，再同时站立抬起伤员。

（4）多人毛毯搬运法。

将毛毯或地毯纵向卷至宽度的一半。救护者位于伤员的头部和足部，使伤员头、颈和躯干在一条直线上。一名救护者在伤员的肩膀旁侧位跪下托住头部或肩部，其他救护者托住伤者腰部，共同将伤员侧起，伤员身体未受伤的一侧要在下面。翻转时，将伤员作为一个整体转动，这样伤员身体就不会发生扭曲。将伤员的背部滚到毛毯上，使其面部朝上。展开毛毯，重新将毛毯的边卷向伤员两侧。救护者在伤员头、肩、臀、腿的位置抓住毛毯边，准备好将伤员抬起。在伤员被抬起并放上担架的过程中，要保持毛毯紧绷。当伤员疑似头部或脊柱受伤时，请不要使用这种搬运法。

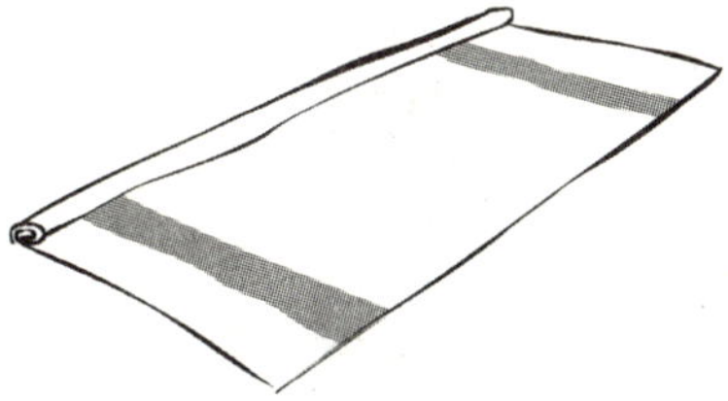

将毛毯卷至一半

将伤员背部滚到毛毯上

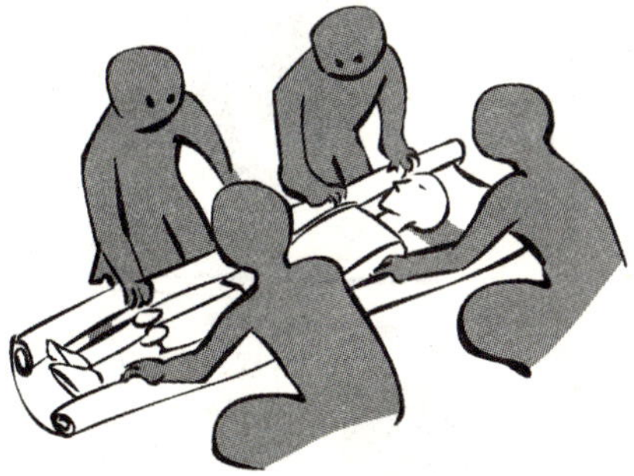

将毛毯卷至伤员两侧

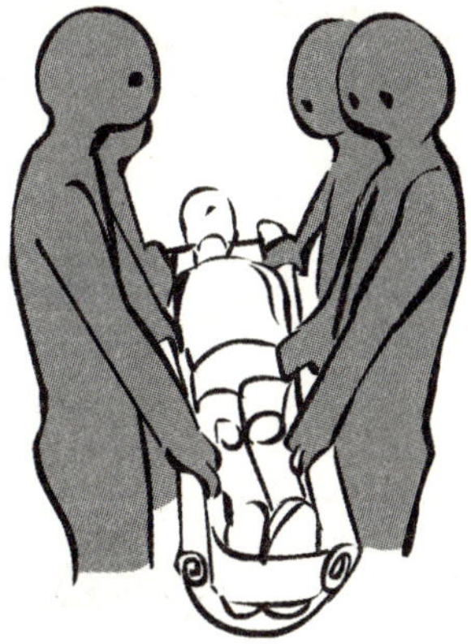

救援人员同时抬起伤员

制作简易担架搬运伤员

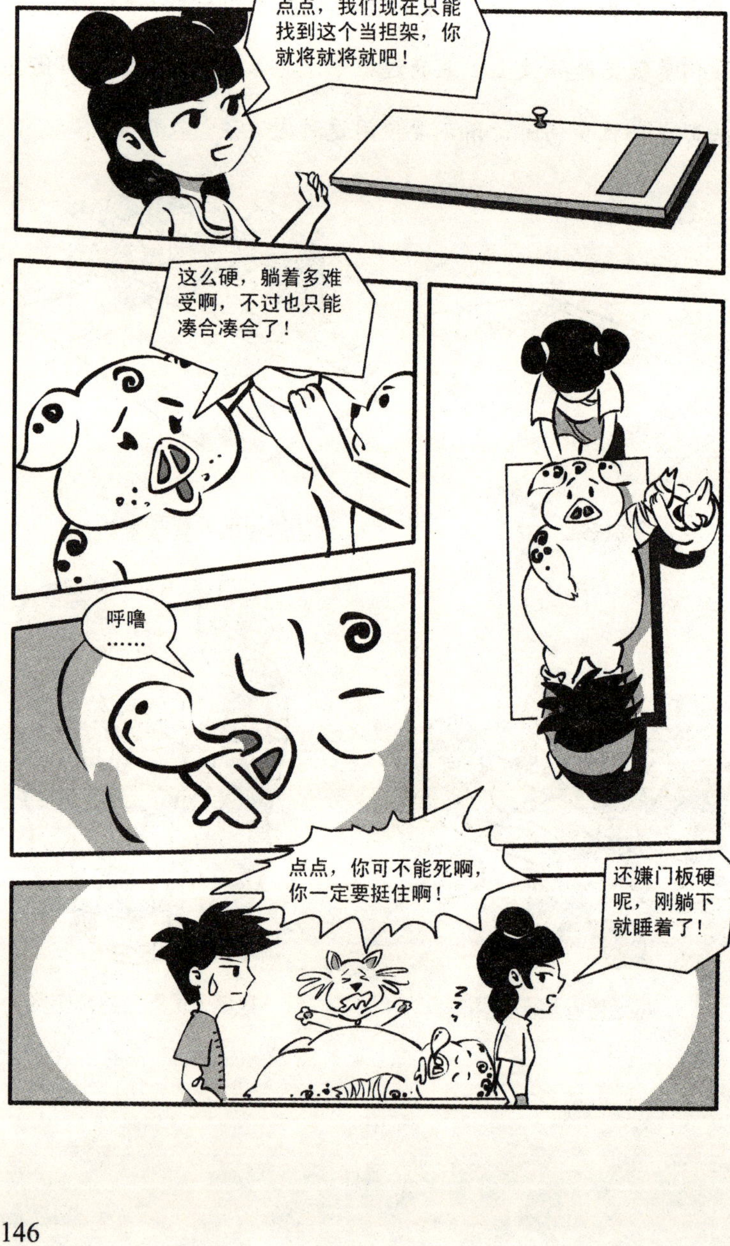
点点，我们现在只能找到这个当担架，你就将就将就吧！
这么硬，躺着多难受啊，不过也只能凑合凑合了！
呼噜……
点点，你可不能死啊，你一定要挺住啊！
还嫌门板硬呢，刚躺下就睡着了！

地震发生后的一段时间内，我们无法获取正规担架，但可以就地取材，用桌面或者门板当担架，或者用两根坚硬的长杆以及毛毯或衣物来制作一个简易担架。但要谨记，不要用非刚性的担架运送疑似颈部或脊椎受伤的伤员，而应该用门板或桌面等硬质担架搬运。

（1）就地取材，制作担架。

门、短梯、镀锌板都可以用来做成临时担架，所以请留心身边合适的材料。担架的大小要依据人体和当时的通道来确定，注意确认担架和伤员能通过所有通道；确认担架牢固，足以承载伤员。可让一个体重与伤员相仿或更重的人测试简易担架是否足够坚固。要检查简易担架的长宽是否能够通过过道、门和楼梯。

现介绍两种简单易行的制作担架的方法。

①木棍毛毯法。

A. 打开毛毯，将其折叠三分之一。用一根木棍穿过折叠处，并使木棍的两端露出毯子外。

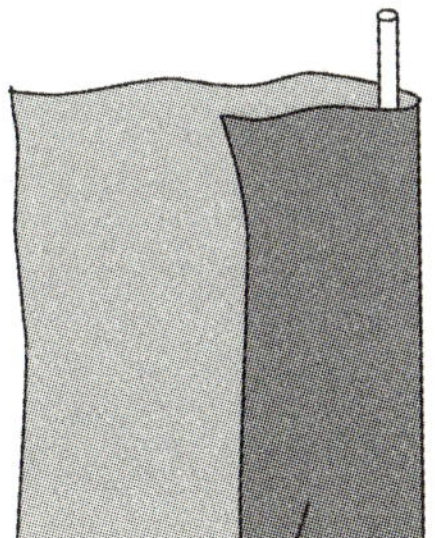

B. 用另一根木棍压在折叠好的毛毯上，距毛毯折叠边缘约 15 厘米。

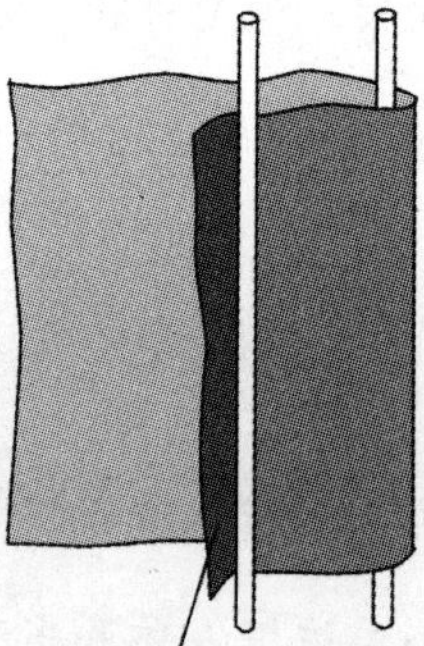

C. 将剩下的毛毯折在两根长杆上面。毛毯上伤员的重量使毛毯不会从长杆上滑落。

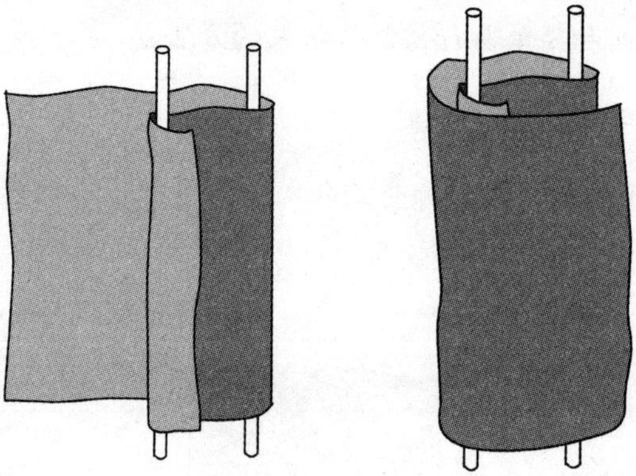

②木棍外套法。

A. 将外套拉链拉好，翻转(或只是把袖子翻过来)，使衣里向外，两袖在内。

B. 用木棍穿过两只袖子。

C. 用同样的方法使木棍穿过另一件外套，以增加担架的长度，使一件外套承载伤员的臀部，另一件承载伤员的头部。如果长度不够，还可以再增加一件外套。如果现场没有厚的外套，也可以多套上几层T恤。

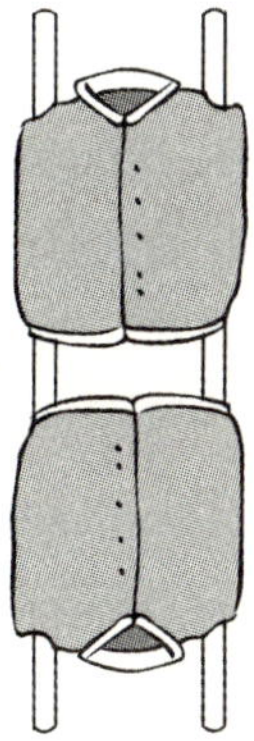

D. 搬运伤员时，应使衣领向下，衣背朝上。

（2）在担架上固定伤员。

若不得不在崎岖不平的地面或瓦砾堆中运送伤员，必须将伤员固定在担架上。

（3）担架运送。

担架需由至少三个人抬运。当上坡、上楼、搬进救护车或搬上床时，伤员的头部应在前。救护者中必须有人在搬运过程中一直观察伤者。

地震之后，我们的房屋还能继续居住么？如果能居住，我们该注意些什么？

地震之后，水源可能会受到污染，我们该怎么办？

地震对我们造成了巨大的心理创伤，我们该怎么应对和调节？

我们该怎么做才能避免下一次大地震对我们造成破坏？

第十二讲

地震之后……

排查地震留下的隐患

地震后
好重的煤气味啊！
川川，你去把电闸关了，我去关煤气闸，小白待在原地不要动！
煤气管道
点点是煤气中毒了还是睡着了呢？……有办法了！
点点，开饭了！
我马上就来！
果然不出我所料！

地震会对房屋和其他一些生活设施造成或多或少的损坏，从而可能引起煤气泄露、电路损坏等危险隐患，我们要予以注意。

（1）尽可能熄灭火苗。如果火势已无法熄灭，要迅速离开家中，尽可能通知消防队，并提醒邻居。

（2）用干电池供电的手电筒检查房屋。进屋前就要打开手电筒，因为如果屋内煤气泄漏，打开手电筒可能会产生电火花，引燃泄漏的煤气。

（3）检查燃气管道、电线和水管，检查电器的受损情况。如果闻到煤气味，或看到管道破裂，要关掉从外面进屋煤气管道的主阀门。

（4）如果家里电线受损，要切断电源。如果情况不安全，要离开房屋，寻求救援。

（5）在供电局来你家做安全检查之前，不要再开启电闸。

（6）不要触摸掉落的电线或受损的电器。

（7）检查建筑物是否有裂缝和损坏，尤其是烟囱与砖墙周围。如果建筑物有坍塌的迹象，要迅速撤离。除非确定烟囱没有受损，也没有裂缝，否则不要使用壁炉。

（8）清除溢出的药品、漂白剂、汽油和其他易燃易爆液体。

（9）上厕所前要检查水管与下水管道，确保它们完好无损。

（10）塞好浴缸与水槽的下水口，以免污水倒流。

（11）检查水与食物供应。如果水源被切断，可使用热水器里的水或融化食用冰块救急。扔掉所有可能会变质或受污染的食物。

（12）检查壁橱和食橱，开门要当心。注意躲避架上可能掉落的物品。

（13）紧急状态下，如果需要做饭，只有在户外才能使用木炭和煤气烤架。

（14）不要驾车，除非情况危急。不要穿越受灾区域去看热闹，这样只会妨碍救援行动。为使救援车辆通行无阻，要保持道路畅通。

（15）谨防余震。余震虽然一般较主震弱，但也足以造成进一步损害，并使建筑物更脆弱。除非警方、消防队或救援组织请求你提供协助，否则请远离受损害的区域。

谨记:

（1）在燃气闸关闭后，必须由专业人员重新打开。不要点燃火柴来寻找燃气泄漏处。

（2）若怀疑煤气管道泄漏，不要拨动电源开关或使用电器，因为产生的火花会点燃泄漏的燃气。

地震之后要严防传染病

不喝生水
小白专用
小白，地震之后水源可能会受到污染，不能喝生水。
管理好粪便
打预防针
阿姨，这个针头这么大，会不会在我的胳膊上留下疤痕啊？

（1）要特别注意饮食和个人卫生。震后水源断绝，饮用水十分缺乏，或者由于市政设施破坏，污水无处可排、垃圾无处堆放，致使环境卫生状况恶化，使水源受到污染。在这种情况下，一定要特别注意饮食、饮水卫生，不喝生水，不吃死亡的禽畜或腐烂变质的食物，不用脏水漱口或洗瓜果和蔬菜。要及时消除垃圾、污物，做好环境消毒，管理好粪便、垃圾。

（2）在受灾期间，要做好个人防护，避免被蚊虫叮咬，夜间露宿或夜间野外劳动时，暴露的皮肤最好能涂抹防蚊油，或者使用驱蚊药。

（3）按规定进行疫苗接种或服用预防药物，增强身体抵抗力，防疫灭病。

（4）破损的伤口不要与土壤接触，如果条件允许，应及时注射破伤风抗菌素，对伤口进行清理和缝合，严重的要送往医院救治。

如何安全搭建防震棚

万一房子被地震毁坏了，我们把防震棚建在哪里会比较合适呢？
建在那边的陡坎上吧，那里视野好，又安静，很适合睡觉，这几天可把我折腾坏了！
建在河边吧，晚上可以搞篝火晚会，还可以吃烤鱼！
你以为我们是去度假呢，我们是在逃难！
大地震之后还会有许多余震，陡坎、悬崖、河流、危楼、烟囱、水塔、高压线等危险地带都不适合建造防震棚。

（1）根据不同的气候环境，北方寒冷地区建造防震棚多采取半地下式，而潮湿多雨的地区要相对建在高处。

（2）选择建造防震棚的场地要布局合理，不要建在危楼、烟囱、水塔、高压线等危险地带。

（3）要避开悬崖、陡坎、河流以及山区的河滩。

（4）不要建在阻碍交通的道口及公共场所。

（5）要便于消防工作、便于管理，留好防火通道。

居住防震棚要杜绝火灾隐患

（1）严禁在棚内吸烟，室外吸烟后不能乱扔烟头。

（2）尽量不使用油灯、蜡烛照明和点蚊香，需用时，须放在盛有沙土的铁盆内或铁桶内。

（3）严禁在棚内用液化气、明火做饭。

（4）保证安全通道和出口畅通。

（5）防震棚严禁覆盖消防水源（如消火栓、消防水池等），准备一些灭火工具（如盆、桶、铁锹等）和消防用水（水缸、水桶随时储满水）。

（6）不要玩火，不要把易燃易爆物存放在防震棚中。

（7）发生火灾时要迅速扑灭或马上报警，千万不可迟疑。

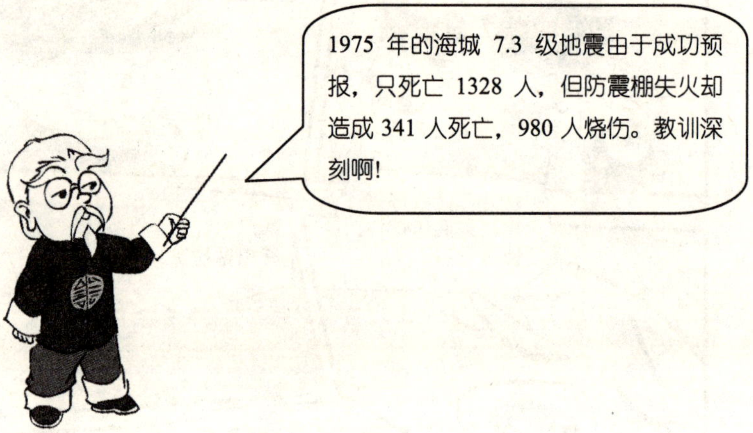

如何进行自我心理调整

实在睡不着，就先吃两粒吧！但最终的解决办法还是需要你自己慢慢调整心态。
失眠时，可以在医生的指导下暂时使用助睡眠的药物
安眠药
我是一只小小狗，你是我骨头……
听音乐
打坐
不要勉强自己遗忘痛苦
小强，你放心去吧，我会慢慢习惯没有你陪我睡觉的日子……
深切悼念小强兄

（1）避免、减少压力源，比如少听道听途说的消息。

（2）降低紧张程度，和有耐心、可信赖的亲友谈话，或找心理专业人员协助。

（3）太过紧张、担心或失眠时，可在医生的建议下用抗焦虑剂或助眠药物来协助，虽然只是暂时使用，但会有较快安定的效果。

（4）规划好逃生路线，准备好干电池、饮用水等。多一点准备，让自己多一份安心。

（5）近期少安排些事情给自己，尽量一次处理一件事情。

（6）不要孤立自己，要多和亲戚朋友或心理辅导团体成员保持联系，多和他们谈谈感受。

（7）规律运动、规律饮食（注意多吃蔬菜、水果）、规律作息，照顾好身体。这段时间免疫力比较容易变低，小心感冒。

（8）学习些放松的技巧，如听音乐、打坐、瑜伽、太极或放松肌肉的技巧。

（9）不要勉强自己和他人去遗忘痛苦，伤痛会停留一段时间，是正常的现象，更好的方式是与我们的朋友和家人一起去分担痛苦。

如何安抚生还者

中午
我那可怜的小强就这么离我而去了，我再也不能带着它去草地上晒太阳了……
傍晚
它一直说它想去西山看夕阳，但连这个小小的要求我都没有能够满足它……
晚上
……有一次我们一起看星星，它说星星发光是一些气体在燃烧，而我则认为每个人死了之后都会变成天上的一颗星星……

（1）一定要满足生还者基本的食物及避难场所的需要以及一些紧急医疗救护，最好能够不断提供关于如何简单、准确地取得这些资源的信息。

（2）对愿意分享他们的故事和情感的生还者，一定要聆听。记住，在感受方式上没有对和错。

（3）一定要友好和富有同情心，即使他们很难相处。

（4）一定要给他们提供关于灾难、损失和救援努力的准确信息，这有助于他们了解目前的情况。

（5）尽量帮助他们联系朋友及亲人。

（6）尽量让一家人待在一起，尽可能地让孩子与父母以及其他亲人在一起。

（7）尽量给他们切实可行的建议，使他们可以帮助自己。

（8）告诉他们目前所提供救援服务的种类及所在位置，引导他们得到可以获得的帮助。

（9）如果你知道还有更多的帮助和救援力量正在赶来，一定要在他们表现出害怕和担心的时候进行提醒。

不该对生还者说的话

小白，听说地震的时候你也被困在废墟里了，给我说说细节吧！
甲
小白，别难过了，至少你还活着呢！
乙
小白，忘了小强吧，我给你介绍一位新朋友！
丙
怎么了，小白？
尽管人们都很关心我，但他们说的话却让我很难受。

（1） 一定不要强迫生还者向你诉说他们的经历，尤其是涉及隐私的细节。

（2）一定不要只给简单的安慰，比如，“一切都会好起来的”或者“至少你还活着”等。

（3） 一定不要告诉他们你个人认为他们现在应该怎么感受、怎么想和如何去做，以及之前他们应该怎么做。

（4） 一定不要空许诺言。

（5） 一定不要在需要服务的人们面前抱怨现有的服务或是救助活动。

没有进行抗震设防是地震造成惨重灾害和损失的主要原因

国内外众多地震灾害资料表明，地震灾害损失主要是建（构）筑物倒塌破坏造成的，而其主要原因是建（构）筑物没有进行抗震设防。抗震设防指在工程建设时采取防御地震灾害的措施。

（1）抗震设防通常通过三个环节来实现。

①确定抗震设防要求，即确定建筑物必须达到的抗御地震灾害的能力。

②抗震设计，即对地基基础、建筑结构等按抗震设防要求和规范进行抗震设计，采取相应的抗震措施，使建筑物具有一定的抗御地震的能力。

③抗震施工，即严格按照抗震设计施工，确保建筑质量，确保建筑物“小震不坏，中震可修，大震不倒”。

（2）抗震设防的基本要求。

①各类建设工程必须按抗震设防要求和规范进行抗震设计、施工。

②对已建成但未采取抗震设防措施的建（构）筑物，应采取必要的加固措施。

减轻地震灾害的关键就是保证各种工程建筑和工程设施的建筑质量，并具备一定的抗震能力。

（3）哪些工程必须进行抗震设防？

①重大工程和可能发生严重次生灾害的建设工程、核电站和核设施建设工程，必须认真进行地震安全性评价，然后根据地震安全性评价的结果确定抗震设防要求，并依法进行严格的抗震设防。

②一般工业与民用建筑必须按照国家规定的抗震设防要求进行抗震设防。